高等学校设计类"十二五"规划教材

产品设计概论

An Introduction of Products Design

主　编　吴　清　翁春萌
副主编　赵　音　王北海
主　审　杨　正

武汉大学出版社

图书在版编目(CIP)数据

产品设计概论/吴清,翁春萌主编. —武汉:武汉大学出版社,2012.2
高等学校设计类"十二五"规划教材
ISBN 978-7-307-09401-7

Ⅰ.产… Ⅱ.①吴… ②翁… Ⅲ.产品设计—高等学校—教材
Ⅳ.TB472

中国版本图书馆 CIP 数据核字(2011)第 282895 号

责任编辑:胡 艳　　　责任校对:刘 欣　　　整体设计:马 佳

出版发行:武汉大学出版社　　(430072　武昌　珞珈山)
　　　　　(电子邮件:cbs22@whu.edu.cn　网址:www.wdp.com.cn)
印刷:湖北恒泰印务有限公司
开本:889×1194　1/16　印张:8.5　字数:300 千字
版次:2012 年 2 月第 1 版　　2012 年 2 月第 1 次印刷
ISBN 978-7-307-09401-7/TB·33　　　　定价:33.00 元

版权所有,不得翻印;凡购买我社的图书,如有质量问题,请与当地图书销售部门联系调换。

高等学校设计类"十二五"规划教材编委会

顾　　问：何人可　过伟敏
　　　　　许喜华　赵英新
主　　任：杨　正
副 主 任：李春富　许开强　汪尚麟
　　　　　李　理　梁家年　尚　淼
　　　　　刘向东　生鸿飞　杨雪松　蔡建平
成　　员：（按姓氏笔画排序）
　　　　　尹继鸣　邓卫斌　生鸿飞　刘向东
　　　　　许开强　李　理　李良军　李春富
　　　　　杨　正　杨雪松　肖　畅　吴　清
　　　　　汪尚麟　尚　淼　庞爱民　胡　康
　　　　　胡雨霞　黄朝晖　梁家年　程智力
　　　　　温庆武　路　由　蔡建平　管家庆
参编单位：武汉大学
　　　　　华中科技大学
　　　　　中国地质大学
　　　　　华中师范大学
　　　　　湖北工业大学
　　　　　武汉工程大学
　　　　　武汉科技大学
　　　　　武汉科技学院
　　　　　武汉工业学院
　　　　　湖北美术学院
　　　　　湖北民族学院
　　　　　广西师范学院
　　　　　桂林旅游高等专科院校
　　　　　广西北海职业学院

前　　言

在现代社会中，人们生活、学习和工作都离不开各式各样的产品，可以说是处于产品的包围之中。一般而言，产品是人们在日常生活和工作中使用的工具。虽然产品设计的方法有一定规律性，但是并不存在一个固定不变的模式。产品设计的方法与多种因素相关，探讨产品的设计之道，是一个非常复杂的、因时因地可变的课题。产品设计的方法不能仅仅局限于设计的定义，而是要从现代生活的方式出发，探求各种可能性。将人们丰富的想象力和无限的创造力应用到产品设计中，让产品为人民服务是所有设计师的追求。中国最早有关设计的书籍《考工记》中写道："天有时，地有气，才有美，工有巧，和此四者，然后可以为良。"从这句话中可以看出，产品设计是一个系统工程，也概括了与产品设计相关的几个重要因素。产品设计与人们的衣、食、住、行密切相关，因此产品设计对于提高人们的生活质量非常重要。新产品的出现不仅可以改善人们的生活质量，而且能改变大众的生活方式，进而影响人们的思想观念。意大利著名设计大师索特萨斯曾说过："设计对我而言……是一种探讨生活的方式，它是一种探讨社会、政治、爱情、食物，甚至设计本身的一种方式。归根结底，它是一种象征生活完美的乌托邦方式。"

随着社会的进步和科学技术的迅速发展，世界早已进入了一个崭新的设计时代。产品设计对世界经济的发展亦起着举足轻重的作用，在各国振兴经济的计划中，设计无疑已成为重要的战略之一。如今的产品设计与传统的产品设计相比，无论是外延还是内涵，均有着很大的变化。产品设计的人性化和可持续发展成为当今的热门话题。

可以预见，在今后人类文明的发展中，产品设计将发挥越来越大的作用，成为推动社会进步的重要力量。世界正进入一个设计爆炸的时代，随着设计意识的觉醒，社会、企业和大众消费对设计的关注正从属于商业推广范畴的广告和包装深入到产品设计。人造产品构成了我们生存的物质世界最核心的部分。在剥离了那些色彩缤纷和噱头十足的包装之后，人们对工业产品自身的设计优劣，表现出从未有过的期盼，总是用挑剔的眼光来看工业产品，这是以市场上同一类产品有几十种款式竞争为基础的，而其本质则是使生活质量在全世界范围内普遍得到了提高。于是,一方面,出于竞争的驱动,越来越多聪敏过人的制造商看到了"以优良设计确定发展方向"的后面是以全世界市场为广阔背景的角逐,有着十分远大的商业成就前景。在激烈竞争中,"苹果"、"IBM"、"索尼"、"飞利浦"、"布劳恩"等一批号称是以"设计管理"为特点的国际企业集团脱颖而出;另一方面,越来越多的青年人投身工业设计这个充满创造性的行业,为这个行业注入了勃勃生机。在老一代设计大师的思想与观念的滋养下,成长出一大群影响广大和声名远扬的国际设计网络机构和设计师。"青蛙设计"、"IDEO设计"、"继续设计"、"逻辑设计"、"西蒙/鲍威尔设计"、"耶劳设计"等设计公司的作品,成为当今我们这个时代工业产品设计演化和发展的代表。正是在制造商、销售商和设计师的合作努力下,才创造出今天这个优秀设计迭出的世界市场,从而构成了现代物质生活的基础,进而丰富了人们的精神世界。

"设计爆炸"不是孤立存在的,它以"技术爆炸"为前提。在这个已被"信息"彻底浸染了的电子时代,技术发明的成果不仅在观念上,而且在实践上被制造商们以前所未有的速度实现商业化生产。在从"技术"转化为大众消费的"商品"过程中,技术的合理与适当应用,与使用方式、制造工艺、成本控制、美学风格的综合研究,对科学家来说可能难以做到,但工业设计师却能容易做好。"没有工业设计,即使科学发明领先,经济不一定领先",这是一个技术革命呼唤工业设计同行的时代。工业设计的发展,除了依托技术之外,另一个重要的变革因素来自以文化进步为基础的设计观念演化。而20世纪末的20年,恰恰是没有任何一种思想和观念可以"统一"设计界的时期。虽然"后现代主义"的设计理论家们早就宣称"现代主义"已经死亡,但在现实世界里,"现代主义"却仍然"活着",而且其对大众消费的影响远远大于"后现代",尽管在前卫设计师的观念里,前者是与"传统"联系,并且是嗤之以鼻的。所以,这是一个彼此矛盾着的设计观念并存的时代,"少就是多"(Less is more)与"少就是乏味"(Less is bore),"形式追随功能"(Form follows function)与"形式追随情趣"(Form follows in fun)都在实践中顽强地表现着自己。于是,在琳琅满目的产品世界里,既可以看到布劳恩公司的迪特•拉姆斯设计的纯净到极点的咖啡壶和电须刨,也可以看到青蛙设计公司的哈特穆特•埃斯林格尔设计的可爱老鼠式鼠标和流线型电熨斗;既可以看到日本索尼等公司设计的高科技、极简约的各类电器,又可以看到丹麦富有人情味的家具、阿莱西公司设计富有情趣的日常用品。正是这种不同的设计理念与风格的并存,才使如今的工业设计产品显得如此丰富多彩。在未来,产品设计可以改进人们的生活方式,从而大大提高人们的生活质量,并促进人与自然的和谐相处,营造一个更美好的生活空间。

本书从产品设计的基本内涵出发,探讨了在经济全球化和数字化、信息化的背景下产品设计的新方法和新程序,产品设计如何做到以人为本,产品设计如何能贯彻可持续发展的策略;阐述了与现代产品设计相关的几个重要因素,分析了产品设计的多重特性,列举了产品设计的几个实例;在总结产品设计经验的基础上,寻求产品设计方法的一般规律性,展望了未来产品设计发展的光明前景。

本书第1章、第3章、第7章由吴清、王北海编写,第2章由翁春萌编写,第4章由曾力编写,第5章由艾险峰编写,第6章由赵音、陈亮亮编写。全书由吴清统稿、定稿,武汉大学杨正教授对书稿进行了审定。

CONTENTS 目录

第1章　工业设计基础理论概述　　1

1.1　工业设计的基本概念　　1
1.2　工业设计的分类及研究领域　　3
1.3　设计的三个层次　　4
1.4　产品的属性　　4

第2章　产品设计的发展历史简介　　8

2.1　工业革命时期的产品设计　　8
2.2　现代工业设计的形成与发展　　14
2.3　第二次世界大战后的产品设计　　16
2.4　信息时代的工业设计　　20

第3章　影响产品设计的主要因素　　24

3.1　产品设计中的文化含义　　24
3.2　艺术对产品设计的影响　　27
3.3　科学技术对产品设计的影响　　30
3.4　社会审美心理对产品设计的影响　　34
3.5　民族传统对产品设计的影响　　37

第4章　产品设计程序与方法　　40

4.1　产品的设计定位　　40
4.2　产品的创新构思　　46
4.3　产品设计的程序和方法　　52
4.4　产品实现阶段　　58

第5章　产品的形态设计基础　60

5.1　产品形态概述　60
5.2　产品形态的基本要素　60
5.3　产品形态设计中的形式美法则　62
5.4　产品形态设计方法　65

第6章　产品设计的表现技法　80

6.1　产品设计表现图的分类及常用工具　80
6.2　产品设计速写的快速表达　84
6.3　产品设计效果图的表现　87
6.4　计算机辅助产品设计效果图表达　95

第7章　产品设计的现状与发展趋势　97

7.1　产品人性化设计　97
7.2　产品交互设计　102
7.3　产品绿色设计　103
7.4　产品虚拟设计　106

附录　产品设计案例　109

参考文献　124

后记　125

第 1 章　工业设计基础理论概述

对于"设计"这个词，大多数人并不陌生，平时人们常说建筑设计、美术设计、工程设计等。1999年《辞海》中将"设计"解释为："根据一定的目的要求，预先制定方案、图样等，如产品设计、厂房设计。"各个不同的语源背景及文化背景都反映出"设计"是人类生活行为的共性特征。总之，设计就是设想、运筹、计划与预算，它是人类为实现某种特定目的而进行的创造性活动。而所谓的产品设计，即是对产品的造型、结构和功能方面进行综合性的设计，以便生产制造出符合人们需要的实用、经济、美观的产品。广义地说，凡是有目的、由人类创造出的所有实体的设计都可称为产品设计。更进一步说，产品设计是对生活方式的探讨，现代的许多产品已经彻底地改变了人们的日常生活方式，不仅使人们的生活更加丰富多彩，而且更舒适、方便、安全。

1.1　工业设计的基本概念

1.1.1　工业设计的定义

设计是伴随着人类的产生而产生的，从某种意义上来说，设计的历史就是人类文明发展进步的历史。设计的历史非常悠久，几乎与人类的历史一样长。从人类文明发展的角度来看，根据每个时期设计的特点，设计的发展可以分为四个大的历史阶段，即生存设计、手工艺设计、工业设计、数字化设计（图1.1）。

工业设计产生于工业革命之后，与机械化生产、批量生产紧密相关，同时，与产品的商品化分不开。产品设计的过程，从某种意义上说，就是一个产品从原材料变成商品的整个过程。

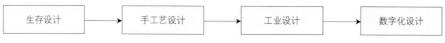

图1.1　设计发展的历史阶段

尽管设计师总是力图给工业设计下个准确的定义，由于设计的复杂性和多变性，很难具体地下定义，任何一个定义都不能全面地、准确地说明工业设计，只能从几个重要的方面来描述工业设计的特征。1980年，国际工业设计协会联合会（ICSID）在巴黎年会上为工业设计下的修正定义是："就批量生产的工业产品而言，凭借训练、技术知识、经验及视觉感受而赋予材料、结构、构造、形态、色彩、表面加工以及装饰以新的品质和规格，叫做工业设计。"同时指出："根据当时的具体情况，工业设计师应在上述工业产品的全部侧面或其中的几个方面进行工作，而且，当需要设计师对包装、宣传、展示、市场开发等问题的解决付出自己的技术知识和经验以及视觉评价能力时，也属于工业设计的范畴。"

在经济全球化和生态环境日益恶化的背景下，工业设计在不断地发展、进步，工业设计的领域不断扩展，人们对工业设计的认识也在进一步加深。设计师所肩负的全球可持续发展的责任也更加重大。2001年，在汉城（现首尔），国际工业设计协会联合会（ICSID）提出了新的挑战，这次会议指出：首先，工业设计不再只是定义在工业产品上的设计，包含软硬件界面设计、交互设计等非物质设计，比如手机界面，再说说电脑键盘，目前的键盘的字母摆放不合理，字母的排列顺序沿用了打字机的排列顺序，而打字机的字母排列当初是为了放慢速度不卡壳。其次，工业设计不再将环境视作单独的实体，这其实就是可持续发展的观念，从产品生命的全周期来考虑产品设计与环境的关系，比如淀粉牙签设计，考虑其全生命周期的环境负荷和能源、资源的消耗。除此之外，工业设计应该鼓励人们通过连接可视和不可视的事物以体验生活的深度和多样性，比如可长大的U盘\采集阳光。

近年来，各国的产品设计取得了长足的发展，尤其是亚洲的一些国家。人们也逐渐认识到，工业设计不仅对世界经济的发展起到推动作用，而且也会促进世界文化的繁荣。

2006年国际工业设计协会联合会再次修订工业设计定义："工业设计是一种创造性的活动，其目的是为物品、过程、服务以及它们在整个生命周期中构成的系统建立起多方面的品质。因此，设计既是创新技术人性化的重要因素，也是经济文化交流的关键因素。"

任务设计致力于发现和评估与下列项目在结构、组织、功能、表现和经济上的关系：

（1）增强全球可持续性发展和环境保护；
（2）给全人类社会、个人和集体带来利益和自由；
（3）最终用户、制造者和市场经营者；
（4）在世界全球化的背景下支持文化的多样性；
（5）赋予产品、服务和系统以表现性的形式并与它们的内涵相协调。

从工业设计定义的发展可以看到，工业设计是一个涉及领域十分广泛的概念，内涵与外延随着时代的进步而越发丰富。工业设计与全球道德规范、社会道德规范、文化道德规范密切相关，又使得设计有着特殊的意识形态色彩。这两个方面的特点使得设计既具有自然科学特征，又具有人文学科的色彩，也与每个人的物质利益和精神文明密不可分。现代工业设计是一个系统的、综合的活动。工业设计成为现代社会文化的载体，而随着人类文明的发展尤其是现代科技的迅速发展，工业设计在21世纪必将翻开崭新的篇章。现代的产品设计与我们的生活密切相关，每个人都离不开各类产品（图1.2～图1.5）。

1.1.2 工业设计与产品设计

广义的工业设计是指为了达到某一特定目的，从构思到建立一个切实可行的实施方案，并且用明确的手段表示出来的系列行为。它包含了一切使用现代化手段进行生产和服务的设计过程。具体来说，包含调研、策划、企业形象设计、商业宣传推广等诸多内容。

狭义工业设计的定义与传统工业设计的定义是一致的。由于工业设计自产生以来，始终是以产品设计为主的，因此产品设计常常被称为工业设计。工业设计的核心就是产品设计。

图1.2　智能水龙头

图1.3　笔记本电脑

图1.4　奔驰轿车

1.2　工业设计的分类及研究领域

一般来说，按照空间的维数，设计可分为平面设计、立体设计、空间设计，另一种观点将设计归纳为产品设计、视觉传达设计和环境设计三大类。工业设计的分类标准多种多样，主要有以下几种：

从生产方式的角度，广义的工业设计可以划分为手工艺设计和机器批量化生产的工业设计。

按产品的种类划分，工业设计可以包括家具设计、服装设计、纺织品设计、日用品设计、家电设计、交通工具设计、文教用品设计、医疗器械设计、通信用品设计、工业设备设计、军事用品设计等。

按照产品设计的性质划分，产品设计可以分为改良设计、开发设计和概念设计。

(1) 改良设计：对现有技术、材料、消费市场等研究，改进现有产品的设计。如图1.6所示，这个像人在水中游泳的衣架就是一个典型的式样设计，它与其他的衣架的区别在于造型的改进和材料的选择。

(2) 开发设计：对人们的行为与生活难题的研究，针对人们新生活方式的设计，强调生活方式的设计，如图1.7所示的新型雨伞，不用手支撑，这种伞的设计源于对生活中打伞的方式的研究，将手解放出来了。如图1.8所示的泡茶瓶（Eva Solo Tea-maker）为茶道热衷者提供了一个彻底的解决方案，杯子中间采用了一个坚固的金属过滤杯，可以使茶叶完全浸入水中，同时也可以防止茶叶的过分浸泡使茶水变苦；加长的过滤金属杯可使茶叶直接到达茶壶的底部，金属杯顶部盖子采用了独一无二的向外翻转的曲线造型，在倒茶时可以自动打开，并且防止茶水外溅；茶壶外面的T恤是纺织品材料，让你想不到的是，很简单的一个细节设计却有三重意义：首先，有利于保持茶水温度；其次，保护你的手和你家里娇贵的桌子远离烫

图1.5　新式风扇

图1.6　衣架

图1.7　新型雨伞

图1.8　泡茶瓶

图1.9 iphone扩展槽

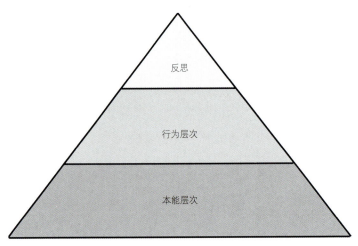

图1.10 设计的三个层次

伤；再次，强调了茶壶优美的曲线造型，生产商利用不同的织物材料制作了各种颜色的T恤，你可以根据自己的个性进行选择搭配。

（3）概念设计：一种开发性的从根本概念出发的设计，其实就是设计师对未来的前瞻性把握。如图1.9所示，是一款颇具趣味的iphone扩展槽的概念设计，它内置有投影仪，只要将iphone插到插槽中，即可通过左右晃动iphone的方式来随机浏览图片、视频和音频。由于内置有投影仪，因此图片会随着iphone的摇晃随机洒落在桌面上，就像是流出来的水一样。当看到中意的多媒体文件后，只要轻轻点击一下，即可将其放大或开始播放。

1.3 设计的三个层次

马克思主义哲学中的认识论理论认为，人认识事物必须经过感性认识和理性认识两个阶段，美国学者康纳德·A.诺曼结合认知心理学提出了设计层次论。以下是设计由低到高的三个层次（图1.10）：

（1）本能层次：由人的感觉器官所感受到的，第一感觉的，不经思考、分析与判断的对设计品的认识。比如宝马车的豪华、坐过山车与蹦极的刺激、国画的神韵、韩国小产品的艳丽，等等，主要是用户对产品外观的感受，受到产品外在美的吸引。

（2）行为层次：经过人操作后感受到的设计品的性质，如驾驶高档车体会到的操作快乐，使用特制淋浴头冲洗的快乐。主要是人在使用过程中体验到产品的使用性能。

（3）反思层次：设计品能引起人回忆的、经过思考反馈的对设计品本质的认识，如可持续发展的经济学的封面，又如陈放的反战海报，引起人的本能与反思两方面的感受……产品不仅能带给消费者物质上的享受，也能满足消费者的精神需求，能引起消费者心灵的震撼，产生感情的共鸣。

1.4 产品的属性

1.4.1 产品作为商品的三个属性

产品最终是要变成商品的，产品只有在市场上销售出去变成了商品，才具有社会价值、经济价值和审美价值，设计师考虑的关键问题是产品要具备什么属性才能成为商品。这主要从消费者的需求来考虑。对于消费者来说，产品作为商品要有适当的时效性、合适的地域性、合理的性价比，只有产品具备以上三个属性，消费者才有购买的理由。下面要分别论述产品的三个必不可少的属性。

1. 时效性

产品的功能总是有一定的时效性，某些产品在一定时期其功能能满足用户需求，过一段时期就不能满足需求了。比如，现在由于数码相机使用方便，可以拍出高清晰度的照片，也不需要胶卷，马上就取代了传统的相机，传统相机在市场上已被淘汰。又如，目前市场上出现了超薄的液晶电视机，老式、笨重的电视机就逐渐没有市场了。产品设计一定要注意当前市场的需求，产品作为商品总是有一定的时效性。

2. 地域性

由于气候环境不同，不同地区的人们对产品的需求无论是在功能，还是在形式、质地上都会有所不同。以鞋为例，在热带地区，人们都习惯穿拖鞋和凉鞋，让人舒适、凉爽，而在寒冷地区，人们大多数穿皮靴才能保暖，草原上的牧民要经常骑马，则必须穿马靴。又如，宜家每年都会印刷宜家家居手册中国版、美洲版、欧洲版等，这是因为不同地方消费者的生活习惯、身高、对颜色的偏好、对价位的预期等都存在差别。

3. 性价比

所谓性价比，全称是性能价格比，是性能与价格之间的比例关系。消费者总是希望产品的性价比高，既能满足使用的性能，价格又比较低。下面利用一个具体的产品来说明性价比。

Anglepoise® Play 是 Anglepoise 专门针对年轻消费者推出的一个分支品牌。在竞争激烈时代（比如来自IKEA等低成本低价格的竞争者），Anglepoise 通过改变自己，从市场上赢取更大的份额。通过迁移工厂，它获得了更好的精密工程技术和高质零件的支持，在2001年聘用 Kenneth Grange 为顾问设计主管，制订"Anglepoise再创新"5年计划，包括品牌定位以及产品线，将 Anglepoise 从灯具生产商扩展到个人机械结构公司，为Anglepoise的产品带来了无限的潜在可能性，并推出新一代的Anglepoise Fifty灯，如图1.11所示，Anglepoise Fifty灯由英国设计师Anthony Dickens设计，形态上沿袭了Anglepoise经典的形象，将Anglepoise著名的手臂机械结构凝结成视觉元素，采用注塑成型（PC，聚碳酸酯），简洁明了的灯泡加外壳架子，电线贯穿外壳架子上的手臂形态部分，共有3种颜色可供选择。

图1.11 Anglepoise Fifty 灯

1.4.2 产品作为用品的三个属性

产品成为商品以后,对于消费者而言就是日用品,人们通常要求日用品具有易用性、功能性和欢乐性。下面用几个产品设计作为实例,来说明日用品的三属性。

1. 易用性

产品本身就是为人所用的,产品的易用性就是方便人使用。针对北京奥运会的跆拳道项目,耐克品牌设计师打造了适合训练和比赛的新款运动鞋TKV(图1.12)。为了能获得对此项运动的深入了解,设计师请教了该项目的顶尖选手。对于这些表现出色的运动员而言,最关键的问题是随着比赛的进展,如何避免受到伤害。骨折或足部瘀伤使其竞技水平大打折扣,继而有可能会与奖牌无缘。为了在训练和预选赛中保护运动员的足尖不受伤害,耐克专门设计了软垫"足套"。在经过一轮重新设计之后,拇趾球和后跟部位的外底被移除了,从而能够提供轴转所需的自然抓地效果,Nike TKV就此诞生了。Nike TKV的合成材料软垫在脚踝部位连接,并按照足部结构弯曲,为运动员提供轻质保护和"零分心"。弹性带孔氯丁橡胶软底可以保证软垫不会移位,同时使足部的透气性以及肌肤与地垫的接触面均达到最大。软垫表面的材料具有特殊的功能,当踢到对手胸垫时会发出响亮而清脆的声音。跆拳道是一项竞技运动,要求参赛选手身穿蓝色或红色赛服,因此Nike TKV专门为北京奥运会设计了三种颜色:红方为运动红、蓝方为校园皇室蓝、中立方为白色。

2. 功能性

耐克在对原版PreCool Vest进行重新设计时,汲取了20世纪60年代的迷你裙和医疗包装的设计灵感(图1.13)。此款产品首次在雅典奥运会亮相,耐克希望能将它设计得更加轻便、更富有弹性、合体性更佳,并能重复灌注"这是对一款自雅典奥运会以来被运动员们赞誉有加的产品"的严苛要求。运动背心旨在为人体散热。由于人体25%的能量用于肌肉运动、75%的能量用于调节体温,因此,在马拉松比赛或曲棍球比赛之前降低运动员的核心体温,将意味着为运动员在比赛中带来更多能量。而且,通过核心散热,运动员在比赛中持续运动的时间可以延长21%左右。针对北京奥运会期间炎热潮湿的天气,PreCool Vest是可以为运动员提供比赛优势的一件重要装备。在对运动背心进行改良时,耐克先进创新团队中的埃迪·哈勃(Eddy Harber)和伊丽娜·伊切娃(Irena Ilcheva)将目光投向时尚服装,特别是一件用小金属圆盘制作的裙子。这条裙子就像一件锁子甲,紧紧地贴附在穿着者的身上。较小的圆盘紧贴身体曲线,较大的圆盘覆盖在面积较大的部位,比如后背和腹部。他们认为此种设计方法适

图1.12 跆拳道运动鞋

图1.13 运动背心

用于运动背心。背心采用了三角形组成的格子结构，肩膀部位的格子较小、沿脊柱部位的格子较大，以此使衣服与肌肤之间的接触面达到最大。运动背心越贴身，需要用来散热的冰块就越少，背心的重量就会越轻。每个三角形有两层用来散热，内层灌满冰块，外层则是隔热层，原理等同于热水瓶。三角形外部的铝质涂层可以反射辐射热，其原理等同于墨镜。由于有了涂层和隔热层，可以减少冰块的使用。由于PreCool Vest可以重复填充，运动背心的重量得以进一步减轻。为了避免让运动员穿着预先灌满液体的7磅重的背心，设计组还设计了密封隔间，如此一来，运动员就可以在比赛之前往里面灌水并冰冻。产品的设计灵感源自用于运输血液和其他液体的医疗产品。医疗产品具有严格的合规问题：必须绝对防止渗漏。耐克与医疗供应商进行合作，来制造实际的运动背心。每一件运动背心都将经过单独测试，虽然背心采用的是高科技制造工艺，但是所用的材料是一些可持续生产的材料，比如回收利用的Nike Air，另外，用来使背心保持凉爽的毡底硬盒则是用经回收利用的男式西装制作而成的。

3. 快乐性

Sophia Lamp是美少女设计团队BabaAkcja为波兰VOX Industrie S.A.（VOX 工业公司）的"2 in 1"主题竞赛设计的，这款桌灯获得第二名，很快就会生产出来摆在VOX的店铺里销售。Sophia Lamp集收纳、展示、照明与一身，明显为女生设计，有了这款灯，好的耳环就可以展示给大家看了（图1.14）。

图1.14　索菲亚灯

○ 思考题

1. 论述工业设计的定义，简述设计发展的历史阶段。
2. 举例说明产品的改良设计、开发设计和概念设计。
3. 利用几个产品分别说明设计的三个层次。
4. 阐述产品作为商品的三个属性和作为日用品的三个属性。

第 2 章　产品设计的发展历史简介

产品设计是随着现代工业的兴起而产生的，它与科技的发展密切相关。科学技术的发展能促进产品设计的改进，同时产品设计为科技发展的应用提供了广阔的舞台，两者互相促进、相辅相成。产品设计的萌芽可以追溯到中国的青铜器生产，曾侯乙墓出土的编钟就是小批量铸造生产的。失蜡法铸造生产可以生产形状复杂的编钟。中国瓷器的生产也具有产品设计的雏形。到宋代，瓷器制作的作坊规模扩大了，形成了小批量生产的能力。瓷器的造型设计简洁优美，器皿的比例尺度恰当。印花工艺则是标准化的萌芽，可以批量生产图案完全一致的产品，提高了生产效率。

整体来看，产品设计可大致划分为三个发展时期。第一个时期是自18世纪下半叶至20世纪初期，这是产品设计的酝酿和探索阶段。在此期间，新旧设计思想开始交锋，设计改革运动使传统的手工艺设计逐步向工业设计过渡，并为现代工业设计的发展探索出道路。第二个时期是在第一次和第二次世界大战之间，这是现代产品设计形成与发展的时期。这一期间的产品设计已有了系统的理论，并在世界范围内得到传播。第三个时期是在第二次世界大战之后，这一时期的工业设计与工业生产和科学技术紧密结合，取得了重大成就。与此同时，西方工业设计思潮极为混乱，出现了众多的设计流派，多元化的格局也在20世纪60年代后开始形成。

2.1　工业革命时期的产品设计

工业革命大大提高了机械生产效率，进一步促进了人类的劳动分工和产品商业化的发展，产品设计伴随着大工业生产而发展起来，并与人们日常生活息息相关。在人类社会文明高度发展的过程中，产品设计体现了技术、艺术和经济相结合的特点。

1765年，珍妮纺纱机的出现标志着工业革命在英国乃至世界的爆发。18世纪中叶，英国人瓦特改良蒸汽机（图2.1）之后，一系列技术革命为机械化生产打下基础，促进了产品的批量生产，提高了生产效率，引起了从手工劳动向动力机器生产转变的重大飞跃。一大批科技成果改变人们日常生活的同时，也引起了生产组织形式的变化，使用机器为主的工厂制取代了手工工场。由于可以机械化批量生产，金属材料特别是钢铁，广泛地应用在日常的生活用品中，陶瓷材料也走入了普通家庭。作为现代文明的产物，工业设计诞生于工业革命兴起之时，以批量生产方式的出现，依托制造业而成形，奠定现代意义上的产品设计。

18世纪，陶瓷工业的组织化程度已具有现代机械化生产的雏形。这一方面影响了陶瓷工业的商业结构，另一方面也影响了它的生产，使陶瓷工业在18世纪下半叶迅速扩展。生产的发展是由于需要的增加，即当时越来越多的人习惯饮茶或咖啡。另一个促进陶瓷生产的社会原因就是越来越多的英国人开始喜欢吃热菜。首先对这些变化做出反应的人是魏德伍德。魏德伍德1730年出身于一个陶匠家庭，在将以家庭手工生产为基础、产品十分粗糙的陶业转变成大规模工厂化生产的巨大转变中，他起着关键性的作用。正如他墓碑上写的："他将一个粗陋而不起眼的产业转变成了优美的艺术和国家商业的重要部分。"

魏德伍德于1759年建立了他的新工厂。他的成功首先取决于他的商业眼光。他有意识地将生产分为两个部分以适应不同市场的需要。一部分是为上流阶层生产的极富艺术性的装饰产品，另一部分则是大量生产的实用品。前者在艺术上的巨大成功使魏德伍德作为当时陶瓷生产领域的杰出人物而获得国际荣誉。但是，如果没有大批量产品生产所提供的人力、技术和财力基础，生产更多的装饰产品则是不可能的，这说明实用产品本身也是值得关注的。针对国内不同阶层及国际上不同国家，魏德伍德采用了不同的营销技术，并精心组织生产不同风格的产品以适应不同的市场。从1773年起，他印制了产品目录广为散发，后来还加上了法、荷、德文译本。他还建立了长期的展销场所，以方便顾客选择订货。由于这些积极主动的市场战略，魏德伍德的瓷器很快就风行欧美，影响至今。因此，他作为现代市场学的先驱，是当之无愧的。这些商业技巧使设计不仅在生产中而且在市场开拓中成了关键因素。对于魏德伍德来说，设计是一种自觉的手段，通过设计所具有的"趣味价值"，使不同的产品能适应不同的市场口味。他最有影响的产品是女王牌瓷器和"波特兰"花瓶（图2.2、图2.3）。

魏德伍德不仅是一位有远见的企业家，也是一位实验科学家。他在陶瓷工艺上进行了多种技术革新，还被皇家学会接纳为会员，以表彰他在测高温技术方面的成就。18世纪中叶，

图2.1 蒸汽机

英国陶瓷工艺上有两大革新：一是通过洗的方法及改善陶泥混合比例使陶更洁白，使之接近于瓷器；二是在模具中重复浇注泥浆的成形方法。魏德伍德的工作可以看成是这两种革新的继续和综合。为了扩大生产规模，他在工厂中使用了机械化的设备，并实行了劳动分工。这些革新对设计过程产生了重大影响，重复浇模的准确性使产品的形态不再由操作工人负责，生产的质量完全取决于模型的设计，因此熟练的模型师和设计师很受重视。到了1775年，魏德伍德已有7名专职设计师。此外，他还委托不少著名的艺术家进行产品设计，以使产品能适合当时流行的艺术趣味，从而提高产品的身价。当时著名的新古典雕塑家弗拉克斯曼（John Flaxman，1755—1826）、画家莱特（Joseph Wright）和斯多比斯（George Stubbs）都曾应邀为魏德伍德设计过产品。如果没有他的努力，这些艺术家就不会与工业联姻，成为最早的工业设计师。批量生产实用陶器需要一种比手工更快的装饰方法，魏德伍德使用了花边图集来表明标准的花边图案，使得熟练的工匠能依样复制，但这种装饰方法仍很费时。1752年，利物浦一家公司发明了一种将印刷图案转印到陶器上的技术，魏德伍德马上采用，以生产适合自己需要的花型。转印技术的使用，使手工艺设计的因素完全从日用陶器生产中消失了。

魏德伍德的产品是与新古典相联系的。新古典不只是影响设计风格，也寓意一次意味深长的理性变化，是与正在兴起的理性主义思潮齐头并进的，即设计依赖于一系列的原理、规则和方法。这样，设计就不再是某种捉摸不定的东西了。

说起工业革命后对工业设计起到重要影响的历史事件，就不得不谈到首届世界博览会——水晶宫博览会。1851年，为了显示英国工业革命的成果和推动科学技术的进步，为了炫耀大英帝国从各个殖民地获取的丰富资源，并开始支配世界的实力，当时在位的维多利亚女王和他的丈夫阿尔伯特公爵决定在伦敦海德公园举行一次国际博览会。囿于时间的限制，当时无法按照传统的方式建造一座大型建筑，于是采用了英国风景建筑师约瑟夫·帕克斯顿（Joseph Paxton）设计的花房式钢铁骨架和平板玻璃组装而成的温室，这个建筑只用了8个月就完工了，人们为它起了一个别称——水晶宫。

水晶宫展出的产品属于从手工艺制造向大机器工业生产阶段转型时期的产物，尽管采用新工艺和新方式生产，却依然沿袭旧有的艺术风格，不相匹配的结合使得当时的大部分展品显得装饰过度（图2.4），成了洛可可式风格的堆砌。工作台罩以一组天使群雕，花哨的桌腿似乎难以支承起重量。设计者们试图探索各种新材料和新技术所提供的可能性，将洛可可式风格推到了浮夸的地步。

在博览会之后，因为工业革命的批量生产带来设计水平下降，开始了设计改良运动。运动的理论指导是约翰·拉斯金，运动的主要成员是威廉·莫里斯（William Morris）、C.F.A.沃塞（Charles Francis Annesley Voysey）和拉菲尔前派（Pre-Raphaelite）等。由沃尔特·克兰

图2.2 女王牌瓷器

图2.3 "波特兰"花瓶

图2.4 路易十五办公桌

图2.5 莫里斯设计的墙纸

图2.6 莫里斯设计的椅子

(Walter Crane)和C.R.阿什比（Charles Robert Ashbee）传到美国。工艺美术运动是英国19世纪末最主要的艺术运动，并影响了接下来的设计史发展，对产品设计产生了深远的影响。

工艺美术运动的准则由理论奠基人——约翰·拉斯金提出，包括：

（1）师承自然：从大自然中汲取营养，而不是盲目地抄袭旧有的样式。

（2）使用传统的自然材料：反对使用钢铁、玻璃等工业材料。

（3）忠实于材料本身的特点：反映材料的真实质感。作为拉斯金衣钵的继承者，莫里斯遵循以上的原则设计了墙纸花纹和椅子（图2.5、图2.6），质朴而清新。

由于工艺美术运动的影响，19世纪下半叶，不少设计师投身于反抗工业化的活动，而专注于手工艺品。但也有一些设计师在为工业进行设计，他们绘制设计图纸，并由机器进行生产，因而成为了第一批有意识地扮演工业设计师这一角色的人，其中最著名的是英国的德莱赛（Christopher Dresser，1834—1904）。19世纪70年代，他为一家铁工厂设计了一系列生铁家用制品。他还设计了玻璃制品和大量的瓷器。1882年，他为伯明翰一家公司设计了一套镶有银边的玻璃水具（图2.7），其造型简洁优美，适于批量生产。在英国明顿陶瓷公司的档案中，可以找到他的大量水彩画藏品以及用这些绘画装饰的瓷器，它们展示了这位自由设计师职业生涯的一个方面。

1908年，威尔德出任德国魏玛市立工艺学校校长，这所学校是后来包豪斯的前身。他在德国设计了一些体现新艺术风格的银器和陶瓷制品（图2.8），简练而优雅。除此之外，他还以积极的理论家和雄辩家著称，被人称为大陆的莫里斯。他写道："我所有工艺和装饰作品的特点都来自一个唯一的源泉：理性，表里如一的理性。"这显示出他是现代理性主义设计的先驱。

2.1.1 机械化与产品设计

1. 科技发展的主要成果

滚筒印花技术的出现，改进了印花图案的设计。在科技进步的推动下，陆续出现了机床、铁路、机车等新机器。玻璃工艺也有了新的发展。第一种塑料赛璐珞（硝化纤维塑料）用于产品制作。出现了煤气灯、电话机、自来水笔、灯泡、照相机、打字机、汽车等新产品。标准化

图2.7　德莱赛设计的玻璃水具

图2.8　威尔德设计的银器和餐具

图2.9　霍尔的简化来复枪

也用于产品的生产。

2. 对设计的影响

产品的制造逐步由手工转向机械化生产。流水线作业大大缩短了生产时间，复杂产品的零部件实现了标准化，使得产品的互换性增强，维修和使用更加方便。塑料原料广泛，性能优良，加工成型方便，具有装饰性和现代质感。因此塑料的应用日益广泛，出现了数不清的新产品，也改变了许多产品。日用品中的电话机、自来水笔、照相机、打字机等都采用塑料材料。同时，还出现了标准化的美国制造体系，大大促进了产品的批量生产。美国制造体系即标准化生产体系。

为了适应大规模的机器生产，在美国发展了一种新的生产方式，这种方式确定了工业化批量生产的模式和工艺。其特点是标准化产品的大批量生产，产品零件具有可互换性，在一系列简化的机械操作中使用大功率机械装置等。军火商霍尔就应用美国制造体系来制造来复枪（图2.9）。他特别强调了可互换性，即着重解决精确度量和生产中的准确性的问题。他的目标是："使枪的每一个相同部件完全一样，能用于任何一支枪。这样，如果把一千支枪拆散，杂乱地堆放在一起，它们也能很快地被装配起来。"为了达到这个目标，霍尔尽可能地简化各个零件，以保证度量和加工的精度。

机械化时期最有代表性的产品是福特公司的T型小汽车（图2.10）。福特T型车（Ford Model T，俗称Tin Lizzie或Flivver）是美国亨利·福特创办的福特汽车公司于1908年至1927年推出的一款汽车产品。第一辆成品T型车诞生于1908年9月27日，位于密歇根州底特律市的皮科特（Piquette）厂。它的面世使1908年成为工业史上具有重要意义的一年。T型车以其低廉的价格使汽车作为一种实用工具走入了寻常百姓之家，美国亦自此成为了"车轮上的国度"。该车的巨大成功来自于其亨利·福特的数项革新，包括以流水装配线大规模作业代替传统个体手工制作，支付员工较高薪酬来拉动市场需求等措施。

从第一辆T型车面世到它停产，共计有1500多万辆被销售。它的生产是当时先进工业生产技术与管理的典范，为汽车产业及制造业的发展做出了巨大贡献，在20世纪世界最有影响力汽车（英文）的全球性投票之中，福特T型车荣登榜首。

2.1.2 第二次工业革命时期的产品设计

1. 科技发展的主要成果

1870年第二次工业革命以后，产业革命进入电气时代，包括电力的广泛应用、内燃机和新交通工具的创制、新通信手段的发明。

第二次工业革命以电力的广泛应用为显著特点。1866年，德国科学家西门子制成一部发电机，到19世纪70年代，实际可用的发电机问世。电动机的发明，实现了电能和机械能的互换。随后，电灯、电车、电钻、电焊机等电气产品如雨后春笋般地涌现出来。电力开始用于带动机器，成为补充和取代蒸汽动力的新能源。电力工业和电器制造业迅速发展起来。人类跨入了电气时代。

第二次工业革命的又一重大成就是内燃机的创制和使用。1885年，德国人卡尔·本茨成功地制造了第一辆由内燃机驱动的汽车。内燃机车、远洋轮船、飞机等也得到迅速发展。内燃机的发明，还推动了石油开采业的发展和石油化工工业的产生。

20世纪初，以内燃机为动力的飞机飞上了蓝天，实现了人类翱翔天空的梦想。随着内燃机的广泛使用，石油的开采量和提炼技术也大大提高。

第二次工业革命期间，电信事业的发展尤为迅速。继有线电报出现之后，电话、无线电报相继问世，为快速地传递信息提供了方便。

2. 第二次工业革命的影响

第一，新能源的大规模应用，如电力，煤炭等，这些新能源的直接促进了重工业的大踏步前进，使大型的工厂能够方便廉价地获得持续有效的动力供应，进而使大规模的工业生产成为可能，并为之后的经济垄断奠定了基础。

第二，内燃机的发明解决了长期困扰人类的动力不足的问题。内燃机的发明又促进了发动机的出现，发动机的出现又解决了交通工具的问题，推动了汽车、远洋轮船、飞机的迅速发展，使人类的足迹遍布了全世界，也让各个地区的文化，贸易交流更加便利。

图2.10 福特T型车

图2.11　贝伦斯设计的电水壶

第三，通信工具的发明使人与人之间的交流不再局限于面对面的谈话。

第四，化工业的迅猛发展，如炸药的发明，大大促进了军工业的进步，并最终导致第一次世界大战的爆发。随着从煤炭中提取各种化合物，塑料、人造纤维先后被投入实际生活。

1907年，著名的德国建筑师和设计师贝伦斯（Peter Behrens，1869—1940）被聘为AEG公司的艺术顾问，全面负责各方面的设计工作。在他的电水壶设计中（图2.11），可见他对于材料、色彩和细节的精心处理颇具匠心，还可以发现贝伦斯的水壶设计是以标准化零件为基础的，用这些零件可以灵活地装配成80余种水壶（尽管实际上只有30种可供出售）。其中一共有两种壶体、两种壶嘴、两种提手和两种底座。水壶所用的材料有三种，即黄铜、镀镍和镀铜板，这三种材料又各有三种不同的表面处理形式，即光滑的、锤打的和波纹的。此外，还有三种不同的尺寸，而插头和电热元件则是通用的。正是这种用有限的标准零件组合以提供多样化产品的探索，使贝伦斯的工作富有创新意义，也使他成为现代意义上的第一位工业设计师。

2.2　现代工业设计的形成与发展

20世纪30年代末，是工业设计形成和发展的时期，主要的特点是出现了许多可用于产品设计的新材料。新材料对市场上销售的许多家具外观产生了重大的影响。20世纪30年代，塑料和金属模压成形方法得到广泛应用，流线型的产品造型出现，由动态的运输工具延伸到静态的产品，如冰箱、洗衣机、电熨斗等。

马歇·布劳耶（Marcel Breuer，1902—1981）1925年设计了世界上第一把钢管椅子，为了纪念他的老师瓦西里·康定斯基，他为该椅子取名为瓦西里椅子（Wassily chair）(图2.12）。

他采用钢管和皮革或者纺织品结合，还设计出大量功能良好、造型现代化的新家具，包括椅子、桌子、茶几等，得到世界广泛的欢迎。他也是第一个采用电镀镍来装饰金属的设计家。关于金属家具，布鲁尔写道："金属家具是现代居室的一部分，它是无风格的，因为它除了用途和必要的结构外，并不期望表达任何特定的风格。所有类型的家具都是有同样的标准化的基本部分构成，这些部分随时都可以分开或转换。"这段话显示了包豪斯有关家庭用品的设计思想，已经超出了它最初的以手工艺为基础的出发点，1925—1928年布劳耶设计的家具由柏林的家具厂商大批投入生产，同时他还为柏林的费德尔家具厂设计标准化的家具，这种标准化的家具生产方式为现代大批量的工业化的家具制作奠定了基础。

1929年巴塞罗那世界博览会上，设计师密斯为了欢迎西班牙国王和王后设计了巴塞罗那椅（图2.13）。同著名的德国馆相协调，这件体量超大的椅子明确显示出高贵而庄重的身份。

当年的世博会德国馆是密斯的代表作，但由于建筑的设计意念独特，竟没有合适的家具与其搭衬，所以他不得不专门设计了巴塞罗那椅来迎接国王和王后。著名的巴塞罗那椅（Barcelona Chair）是现代家具设计的经典之作，为多家博物馆收藏。它由弧形交叉状的不锈钢构架支撑真皮皮垫，非常优美而且功能化。两块长方形皮垫组成坐面（坐垫）及靠背。X形的交叉弧线和缓而优美，格子状的连续拼缝显示了高超缝制技术。椅子当时是全手工磨制，外形美观，功能实用。巴塞罗那椅的设计在当时引起了轰动，地位类似于现在的概念产品。芬兰设计师阿尔托于1931年设计的扶手椅作品，其设计挑战了热弯木技术，使其整体的造型感和舒适度都得到了很好的体现。主体结构由环形弯曲的复合板构成，而该扶手椅的设计质感更贴近人性化，后被制造商以1∶6的比例缩小，生产了给孩子们使用的迷你型NO.41椅（图2.14）。

轧钢逐渐取代了铸铁和其他类型的钢材生产，铝、镁等轻金属也日益普及。例如，福特公司就生产了自己的钢材，并在冲压成形技术上处于领先地位。这种成形技术产生了"机壳"的概念，有了这种成型工艺，就可以生产流线型的产品，流线型有力地综合了美学与技术的因素而极富表现力。在20世纪20、30年代，它成为从汽车到电熨斗的许多技术型消费品的一个重要特点。

克莱斯勒公司的"气流"型小汽车（图2.15）的流线型造型是空气动力学试验和未来主义绘画的结晶。在当时，流线型象征着速度、力量和未来。冲压技术和印模铸造技术使得机械化方式生产流线型的产品成为现实。流线型的设计很快就延伸到静态的产品，如洗衣机、冰箱、订书机和收音机（图2.16）中。

技术与设计的发展是与产品本身的发展相辅相成的。一些激进的设计师将汽车、飞机等视为现代生活最有力的表现，而新的家用电器同样也成了"摩登时代"的象征。尽管不少技术

图2.12 瓦西里椅

图2.13 巴塞罗那椅

图2.14 Paimio NO.41 扶手椅

图2.15 "气流"型小汽车

图2.16 流线型风格的收音机

图2.17　电吹风　　　　　　　　图2.18　"阿尔法"收音机　　　　　图2.19　T644W型收音机

上的发明并不是20世纪20、30年代的产物，但正是在这一时期，电话、电冰箱、吸尘器、收音机、电吹风等无数新发明获得了大众公认的设计特征，改变了原来纯技术和功能的外观或沿袭的传统式样。德国西门子公司在20世纪30年代生产的电吹风（图2.17）采用了镀铬机身和注塑热固成形的棒形手柄，基本上形成了电吹风的设计特征。在设计师的参与下，新的电器产品具有了明确的社会意义，既有实用功能，又起象征作用。设计赋予了技术一种视觉形式，创造了一种现代生活方式，并提供了一系列表现现代化确切含义的符号。

收音机设计的演变是一个很好的例子。无线电广播始于20世纪20年代，当时收音机的部件——接收器、调谐器和扬声器是分离的，常常需要用户自行组装。随着无线电广播的普及和技术的进步，这一状况很快得以改变。到20世纪30年代，许多厂家开始将收音机作为一件家具来设计，以适于居家的环境。这就使得原来分立的部件统一于一个完整的机壳之中，并附有简单的音量、声调和调谐旋钮，进而逐渐演化成为典型的台式电子管收音机，并对后来的电视机设计产生了影响。这一进程体现于德国德律风根公司在10年间推出的一系列收音机设计之中。1927年的"阿尔法"收音机（图2.18）是一件纯技术性产品，几乎没有设计意识，其视觉上的特征是突出于简朴的木盒之上的两只真空管，需外接扬声器。1933年的"威肯125WL"标志着收音机向一体化方向发展，其塑料外壳采用了流行的"艺术装饰"风格，置扬声器于封闭的接收和调谐部分之上，以强调垂直构图。1936—1937年生产的T644W型收音机（图2.19）采用了胡桃木贴面的机壳，是典型的家具型收音机，其设计十分重视形式和材料的外观质量，扬声器与其余机件并排布置，加强了水平线条。至此，收音机的基本设计特征便建立起来，并一直沿用到晶体管收音机问世。以上的电器产品的设计导致了高技术风格的产生。

2.3　第二次世界大战后的产品设计

第二次世界大战后的产品设计在许多国家蓬勃发展。20世纪60年代被称为塑料时代。

2.3.1　塑料等新材料与产品设计

1. 科技发展的成果

塑料材料的种类越来越多，其中包括聚乙烯、聚录乙烯、聚丙烯等，它们被广泛采用在照相机、办公机器、收音机等新产品上。

原木、胶合板、层积木、玻璃纤维材料、钢管、钢条、铝合金、玻璃和塑料等都被以各种方式来生产新的形式。

2. 对设计的影响

塑料材料的广泛应用不但大大丰富了设计语言，而且对传统的设计观念产生极大的冲击。塑料材料成型工艺简单，生产效率高，成本低廉，使得设计师选材的范围大大增加，产品的造型呈现出新颖的形态。

丹麦设计师潘顿设计的整体成形玻纤增强塑料椅（图2.20）就是一个典型的产品。这种椅子可以一次模压成形，不加修整即可投放市场。椅子的造型直接反映了生产工艺和结构的特点，同时又非常别致，具有强烈的雕塑感，色彩也十分艳丽。这种椅子至今仍享有盛誉，被世界许多博物馆收藏。

丹麦设计师保罗·汉宁森设计的PH吊灯（图2.21）是科技的结晶。PH灯具的重要特征是：

（1）所有的光线必须经过一次反射才能达到工作面，以获得柔和、均匀的照明效果，并避免清晰的阴影。

（2）无论从任何角度均不能看到光源，以免眩光刺激眼睛。

（3）对白炽灯光谱进行补偿，以获得适宜的光色。

（4）减弱灯罩边沿的亮度，并允许部分光线溢出，以防止灯具与黑暗背景形成过大反差，造成眼睛不适。

对于舒适性的追求也影响到了材料的选择，纤维织条和藤、竹之类自然而柔软的材料被广泛采用。薄而坚硬但又能热弯成形的胶合板被用来生产轻巧、舒适、紧凑的现代家具。

丹麦的设计师维纳与1949年设计的一把名为"椅"的扶手椅（图2.22），极少有生硬的棱角，转角处一般都处理成圆滑的曲线，给人以亲近感，坐上去十分舒服。那抒情而流畅的线条、精致的细部处理和高雅质朴的造型，使它具有雕塑般的质量。

另一位具有国际影响的设计师是雅各布森，他设计的"蚁"椅、"天鹅"椅、"蛋"椅（图2.23~图2.25），将刻板的功能主义转变成了精练而雅致的形式，三种椅子均是热压胶合板整体成型的，具有雕塑般的美感。

进入20世纪60年代，丹麦的工业设计开始反映出立体主义艺术和"硬边艺术"的影响，在产品中强调简洁、有力的形式，并使用工业化材料，主要是不锈钢的材质和塑料等。如图2.26所示，是典型的硬边艺术的音响产品，造型十分简单，由立体形态组成，突出了产品的科技性和现代感。

伊姆斯和沙里宁因在现代艺术博物馆的设计竞赛中获奖而崭露头角。1940年，伊姆斯与

图2.20 潘顿设计的塑料椅

图2.21 PH吊灯

图2.22 "椅"

沙里宁在该馆举办的"家庭装修中的有机设计"竞赛中获首奖。1946年该馆专门为伊姆斯举办了他的胶合板家具展览，取得了很大成功。伊姆斯不少作品都是为米勒公司设计的，这些设计使他成为20世纪最杰出的设计师之一。1946年，伊姆斯与其妻子在洛杉矶设立了自己的工作室，成功地进行了一系列新结构和新材料的试验。他多年研究胶合板的成形技术，试图生产出整体成形的椅子，但他最终还是使用了分开的部件，以便于生产。之后，他又将注意力放在铸铝、玻璃纤维增强塑料、钢条、钢管等材料上，产生了许多极富个性又适于批量生产的设计。伊姆斯为米勒公司设计了第一件作品——餐椅（图2.27），是他早年研究胶合板的结果。椅子的坐垫及靠背模压成微妙的曲面，给人以舒适的支撑；镀铬的钢管结构十分简洁，并采用了橡胶减震节点。所有构件和连接的处理都非常精致，使椅子稳定、结实，而且很美观。

沙里宁设计了不少利用玻璃纤维为材料的家具，其中71号玻璃纤维增强塑料模压椅被密执安州的通用汽车技术中心采用为标准座椅，从而使沙里宁的室内设计再次得到推广。他最著名的设计——胎椅（图2.28），直至现在还在美国及世界各国广泛使用，受其影响而派生出来的椅子更是不计其数。这种椅子是用玻璃纤维模压而成，上面再加上软性的材料，样式大方，利于大规模工业生产。

沙里宁绘制的郁金香独脚椅（图2.29）以圆形盘柱为足，整体用玻璃纤维板挤压成型，在西方十分流行。该椅子的特点是有机的造型和支撑基座的处理，大面积的圆形支撑还消除了椅子腿对地面的压力。简单基座椅子的设计是他在家具设计中创造性的发挥，塑料技术的进步使他可以实现单一材料、单一造型椅子的愿望。

这些作品都体现出有机的自由形态，而不是刻板、冰冷的几何形，被称为有机现代主义

图2.23 "蚁"椅　　图2.24 "天鹅"椅　　图2.25 "蛋"椅　　图2.26 硬边艺术的产品

图2.27 餐椅　　图2.28 胎椅　　图2.29 郁金香独脚椅

图2.30 录音机

图2.31 "情人节"打字机

图2.32 白雪公主之匣

图2.33 电动剃须刀

的代表作,是工业设计史上的典范,至今仍广为流传和使用。沙里宁不断在家具,特别是在椅子上进行创新设计,他设计的椅子都经过严格的物理、力学、人体工程学的试验,表明了他严格的科学态度,这也正是他的设计不断取得成功的原因之一。

2.3.2 大规模集成电路影响设计

1. 科技发展的主要成果

1947年晶体管的发明标志着电子技术的革命。

2. 对设计的影响

电子技术革命掀起了各类电子电器产品的小型化浪潮。

意大利设计师贝里尼(Mario Bellini)是最早意识到这种变化的设计师之一。他认为,随着机械部件基本上被电子线路所取代,产品的外形就只是由传统、美学和人机工程学的综合来决定。这就要求更多地考虑文化、心理及人际关系等方面的因素,即赋予简单的外形以一种有价值的内涵。他为日本雅马哈公司设计的录音机(图2.30)就体现了这一思想,其造型就是由人机工程关系决定的,各种控制键十分简洁明了,而录音键和电平指示的两点鲜艳的红色则起到了画龙点睛的作用。

索特萨斯的设计思想受到印度和东方哲学的影响。从20世纪60年代后期起,他的设计从严格的功能主义转变到了更为人性化和更加色彩斑斓的设计,并强调设计的环境效应。1969年,他为奥利维蒂公司设计的"情人节"打字机(图2.31)采用了大红的塑料机壳和提箱,该打字机色彩艳丽、造型别致,索特萨斯把它装扮得颇有情趣。

拉姆斯与古戈洛特共同设计了一种收音机和唱机的组合装置(图2.32),该产品有一个全封闭白色金属外壳,加上一个有机玻璃的盖子,被称为"白雪公主之匣"。

布劳恩公司还生产电动剃须刀(图2.33)、电吹风、电风扇、电子计算器、厨房用具、照相机等一系列产品,这些产品都具有均衡、精练和无装饰的特点。色彩上多用黑、白、灰等"非色调",造型直截了当地反映出产品在功能和结构上的特征。这些一致性的设计语言构成了布劳恩产品的独有风格。

到20世纪70年代中期,德国设计界出现了一些试图跳出功能主义圈子的设计师,他们希望通过更加自由的造型来增加趣味性。人称"设计怪杰"的科拉尼(Luigi Colani)就是这一时期对抗功能主义倾向最有争议的设计师之一。他的设计得到舆论界和公众的认可,但却遭到来自设计机构的激烈批评。科拉尼的设计方案具有空气动力学和仿生学的特点,表现了强烈的造型意识。在这一点上,他与美国的商业性设计走到一起来了。柯拉尼用他极富想象力的创作手法设计了大量的运输工具、日常用品和家用电器。如图2.34所示,是科拉尼于1974年为罗森塔尔公司设计的茶具。

孟菲斯的设计中很多是家具一类的家用产品,其材料大多是纤维材、塑料一类廉价材料,表面饰有抽象的图案,而且布满产品整个表面;设色上常常故意打破配色的常规,喜欢用一

图2.34 科拉尼设计的茶具

图2.35 博古架

些明快、风趣、彩度高的明亮色调,特别是粉红、粉绿之类艳俗的色彩。1981年设计的博古架(图2.35)是孟菲斯设计的典型,这件家具色彩艳丽、造型古怪,上部看上去像一个机器人。

2.4 信息时代的工业设计

1. 科技发展的成果

信息技术和因特网的发展在很大程度上改变了整个工业的格局,新兴的信息产业迅速崛起,开始取代钢铁、汽车、石油化工、机械等传统产业,成为知识经济时代的生力军。

2. 对设计的影响

与信息产业相关的产品,如计算机、语音及书写输入输出设备迅速普及。信息技术让人类进入了数字化的时代。计算机和因特网技术的普及,使得信息产生和传播的方式完全改变了。获取信息和处理信息的方式决定了产品的档次。

信息技术席卷全球,互联网缩短了人们之间的距离。借助于信息技术发展起来的公司不计其数,其中最著名的是1976年创建于美国硅谷的苹果电脑公司,苹果公司首创了个人计算机,在现代计算机发展中树立了众多的里程碑,特别是在工业设计方面,苹果公司起了关键性的作用。苹果公司不但在世界上最先推出了塑料机壳的一体化个人计算机,倡导图形用户界面和应用鼠标,而且采用连贯的工业设计语言不断推出令人耳目一新计算机,如著名的苹果II型机、Mac系列机、牛顿掌上电脑、Powerbook笔记本电脑等(图2.36~图2.39)。这些努力彻底改变了人们对计算机的看法和使用方式。

总部设在美国俄勒冈州波特兰市的奇巴(ZIBA)设计公司被认为是国际最佳的设计公司之一。奇巴的设计理念是以简洁取胜,并强调产品的人机特性,因此公司的产品设计非常注重细节的处理,"上帝就在细节之中"。同时,奇巴也追求设计的趣味与和谐,通过色彩、造型、细节和平面设计使产品亲切宜人和幽默可爱,达到雅俗共赏。奇巴公司近年来与微软、惠普、富士通、英特尔等公司合作,设计了许多优秀产品,其中该公司为微软开发的"自然"曲线键盘因其使用方便、人机界面舒适、造型新颖独特,而受到用户欢迎(图2.40)。奇巴公司还设计了大量高技术的医疗设备,这类产品的设计多采用简洁明快的体块造型以方便操作和清洁,并力图使先前复杂而且令人畏惧的医疗过程变得简单而轻松。奇巴设计的血液透析机(图2.41)用简洁明了的触摸屏取代了先前复杂的控制键和开关,并安装了自动控制软件,使医务人员能方便自如地操作;另外,由于采用了模块式的设计,还可以方便地拆装,有利于提供现场服务。

青蛙设计公司的创始人艾斯林格（Hartmut Esslinger）于1969年在德国黑森州创立了自己的设计事务所，这便是青蛙设计公司的前身。艾斯林格先在斯图加特大学学习电子工程，后来在另一所大学专攻工业设计。这样的经历使他能圆满地将技术与美学结合在一起。1982年，艾斯林格为维佳（Wega）公司设计了一种亮绿色的电视机，命名为青蛙，获得了很大的成功。于是艾斯林格将"青蛙"作为自己的设计公司的标志和名称。另外，青蛙（Frog）一词恰好是德意志联邦共和国（Federal Republic of Germany）的缩写，也许这并非偶然。青蛙公司的设计也与布劳恩的设计一样，成了德国在信息时代工业设计的杰出代表。青蛙公司的设计既保持了乌尔姆设计学院和布劳恩的严谨和简练，又带有后现代主义的新奇、怪诞、艳丽甚至嬉戏般的特色，在设计界独树一帜，在很大程度上改变了20世纪末的设计潮流。青蛙公司的设计哲学是"形式追随激情"（Form Follows Emotion），因此许多青蛙公司的设计都有一种欢快、幽默的情调，令人忍俊不禁。图2.42~图2.44是青蛙公司于2003年为迪士尼公司设计的一系列儿童电子产品，诙谐有趣，逗人喜爱，极富童趣。

图2.36　苹果II型机

图2.37　Mac系列机

图2.38　牛顿掌上电脑

图2.39　笔记本电脑

图2.40　"自然"曲线键盘

图2.41　血液透析机

图2.42　计算机鼠标

图2.43　计算机显示器

图2.44　计算机键盘

1988年，快速原型技术（RP）开始在工业设计中得到应用。这种技术可以将计算机生成的三维数字图像转换为三维实体模型，从而让设计师和用户可以方便地在产品批量生产之前验证设计的造型、结构、功能和人机关系，从而保证设计的成功。快速原型技术还可以生成一些受到传统的生产技术和工艺的局限而难以成形的独特结构和造型，设计师开始利用快速原型技术的这一特点来制作先前无法实现的设计，丰富了工业设计的表现形式和实现方式。图2.45所示是荷兰自由创新公司（Freedom of Creation）应用RP技术设计制作的树形椭圆桌。2000年以来，该公司致力于将最先进的制造技术与最前卫的设计相结合，创造出了一系列极富个性的产品，包括家具、灯具、服装、包装和居家用品等，开创了工业设计的新领域。

快速成型技术能够快捷地提供精密铸造所需的蜡模，或可消失熔模以及用于砂型铸造的木模或砂模，解决了传统铸造中蜡模或木模等制备周期长、投入大和难以制作曲面等复杂构件的难题。而精密铸造技术（包括石膏型铸造）和砂型铸造技术，在我国是非常成熟的技术，这两种技术的有机结合，实现了生产的低成本和高效益，达到了快速制造的目的。RPM技术与传统工艺相结合，可以扬长避短，收到事半功倍的效果。利用快速成型技术直接制作蜡模，快速铸造过程无需开模具，因而大大节省了制造周期和费用。图2.46所示为采用快速铸造方法生产的四缸发动机的蜡模及铸件，若按传统金属铸件方法制造，模具制造周期约需半年，费用几十万；而用快速铸造方法，快速成型铸造熔模仅需3天，铸造仅需10天，使整个试制任务比原计划提前了5个月。

通过对于产品设计发展的历史回顾，我们清楚地看到过去250年间制造业中的设计可以概括为整体—分化—再整体的过程，这就是从手工艺设计到现代工业设计的发展特点。手工艺时代的设计者与生产者是一体的，通过第一次工业革命，这两者分了家，而到了当代技术飞速变化的时代，迫使所有与产品创造有关的人员（包括工业设计师）紧密地协作。因此，"设计师"这一概念往往不是一个人，而是由多学科专家组成的设计队伍。工业设计应以一种更大众化和更少个人意志的尺度来衡量，个人风格影响一代设计的时代已经过去了，代之以控制设计主流的是大设计集团。在这些大设计集团中，任何产品都不是由一个设计师单独完成的，而是由设计机构完成的。

产品设计的演变反映了社会不同历史时期的特点。随着人类由以机械化生产为特征的工业社会走向以信息化为特色的后工业社会，产品设计的范畴也大大扩展了，由先前主要是为工业企业服务，扩大到为金融、商业、旅游、保险、娱乐等第三产业服务；由产品设计等硬件，扩展到公共关系、企业形象等软件。"工业设计"的概念开始为内涵更加丰富的"设计"概念所取代。

环境问题是当今人类面临的三个重大问题之一，当代产品设计越来越注重产品的环境及社会效益。作为人类生活质量规划者的工业设计师，对于保护和改善人类生活环境负有重要责任。在很大程度上，现代的视觉环境是由工业化的产品所支配的，它们构成了人类日常生

图2.45 树形椭圆桌

图2.46 四缸发动机的蜡模及铸件

活的视觉文化景观。工业设计已由产品设计发展成为现代生活环境设计。这就要求工业设计更加注重环境因素，树立设计中的环境意识，包括在设计中尽量减少环境污染，努力使人造环境更好地与自然环境协调起来，使产品与产品之间在功能和形式上相互呼应，形成和谐的人造环境。环境效益也已成了评价设计的一个重要标尺。

产品设计在很大程度上是在商业竞争的背景下发展起来的，设计的商业化走向了极端，成了驱使人们大量挥霍、超前消费的介质，从而导致了社会资源的浪费，也损害了消费者的利益。随着能源危机的出现，人们对设计中的过度商业化提出了批评，注重设计的社会效益的呼声日渐高涨。工业设计既要为企业增加利润，使产品便于销售，又要满足消费者的真正需求，而不只是片面地推销产品，这就给产品设计重新注入了伦理道德的观念。

近年来，中国的产品设计已经有了长足的发展，对于改善我国人民的生活品质、增强我国工业产品和服务在国内外市场的竞争力、创造知名品牌，都起到了显著的作用。产品设计也是继承和发扬传统文化的手段，产品成了中华文化的载体，产品也是文化交流的使者，在我国已经加入世界贸易组织的条件下，产品设计必将在我国国民经济和社会发展的各个方面发挥更加重要的作用，使我国从国际制造大国转变成设计大国和设计强国，也将为产品设计的历史再添崭新的篇章。

○ 思考题

1. 产品设计的发展大致分哪几个阶段？每个阶段有什么特点？
2. 试论述科学技术的发展对产品设计的影响。
3. 试比较现代主义和后现代主义的产品设计的特点。
4. 为什么产品设计会走向多元化？

第3章　影响产品设计的主要因素

3.1　产品设计中的文化含义

　　文化是人类生活的反映、活动的记录、历史的积沉，是人们对生活的需要和要求、理想和愿望，是人们的高级精神生活，是人精神得以承托的框架。文化包含了一定的思想和理论，是人们对伦理、道德和秩序的认定与遵循，是人们生活生存的方式方法与准则。任何一种文化都包含有一种思想和理论，生存的方式和方法。

　　1871年，英国文化学家泰勒在《原始文化》一书中提出了狭义文化的早期经典定义：文化是包括知识、信仰、艺术、道德、法律、习俗和任何人作为一名社会成员而获得的能力和习惯在内的复杂整体。

　　广义的文化包括四个层次：一是物态文化层，由物化的知识力量构成，是人的物质生产活动及其产品的总和，是可感知的、具有物质实体的文化事物。二是制度文化层，由人类在社会实践中建立的各种社会规范构成，包括社会经济制度婚姻制度、家族制度、政治法律制度、家族、民族、国家、经济、政治、宗教社团、教育、科技、艺术组织等。三是行为文化层，以民风民俗形态出现，见于日常起居动作之中，具有鲜明的民族、地域特色。四是心态文化层，由人类社会实践和意识活动中经过长期孕育而形成的价值观念、审美情趣、思维方式等构成，是文化的核心部分。

　　文化就是人们关注、探讨感兴趣事物的现象和氛围。

　　文化是人类群体创造并共同享有的物质实体、价值观念、意义体系和行为方式，是人类群体的整个生活状态。政化（即不同时期的执政者倡导的文化）是文化和先导，有什么样的政化，就有什么样的文化。

　　上述定义揭示了几个方面的内容：

　　(1) 文化是人类群体整个的生活方式和生活过程。文化的主要成分是符号、价值和意义、社会规范。符号是指能够传递事物信息的一种标志，它在生活中代表一定的信息或意义。文化的存在取决于人类创造、使用符号的能力。价值观是人们评判日常生活中的事物与行为的标准，决定着社会中人们共有的区分是非的判断力。社会规范是特定环境下的行动指南，它影响着人们的心理、思维方式和价值取向、行动。

（2）文化的内隐部分为价值观和意义系统，其外显形态为各种符号，这些符号主要体现为物质实体和行为方式。

（3）对整个人类来说，文化是人的创造物；对于特定时间和空间的人而言，文化则是主要体现为既有的生存和发展框架。

（4）文化随着人类的群体的范围划分不同而体现出差异。

广义的文化是指人类创造出来的所有物质和精神财富的总和，其中既包括世界观、人生观、价值观等具有意识形态性质的部分，又包括自然科学和技术、语言和文字等非意识形态的部分。文化是人类社会特有的现象。文化是由人所创造，为人所特有的。有了人类社会才有文化，文化是人们社会实践的产物。

当代人类学家、文化学者张荣寰在2008年3月重新界定文化，阐明文化是人的人格及其生态的状况反映，为人类社会的观念形态、精神产品、生活方式的研究提供了完整而贴切的理论支持。

人类学的鼻祖泰勒是现代第一个界定文化的学者，他认为，文化是复杂的整体，它包括知识、信仰、艺术、道德、法律、风俗以及其他作为社会一分子所习得的任何才能与习惯，是人类为使自己适应其环境和改善其生活方式的努力的总成绩。

美国社会学家David Popenoe则从抽象的定义角度对文化作了如下的定义：文化是一个群体或社会就共同具有的价值观和意义体系，它包括这些价值观和意义在物质形态上的具体化，人们通过观察和接受其他成员的教育从而学到其所在社会的文化。文化对于人类来说，就像是本能对于动物一样，是行为的指南。

从古至今，人造物都是各个时代的文化载体，设计师的思想理念通过设计作品向人们传播。原始社会的设计品反映了在当时的自然条件下，人们是如何利用石器、木棍等工具生活和生产的。文化对于设计，在各个层次与结构上都有重大的影响，可以说，工业设计始终是在文化的约束与滋养下运动和发展的。产品的文化设计包含四大基本要素，即文化功能、文化情调、文化心理和文化精神（图3.1）。

1. 文化功能

文化功能是产品文化设计的核心要素和首选课题。产品文化设计的主要目的在于赋予产品一定的文化功能。产品的文化功能决定了产品的文化来源和文化形态。因此，不同的文化功能对产品文化设计的要求是不一样的。产品的设计要符合人机工程学条件，各种显示件要符合人体接受信息量的要求，使人感到作业安全、方便、舒适。为了达到这样的文化功能，就要对产品进行必要的文化设计，使产品的外部物件尺寸符合人体的尺寸要求，使产品中与人的生理特征相协调。成功的产品应当集实用功能、审美功能和文化功能于一体。

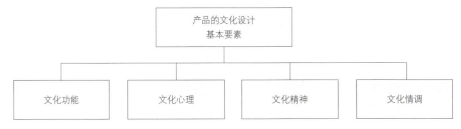

图3.1　产品的文化设计的基本要素

2. 文化情调

作为最感性直观的要素，文化情调是文化设计的切入点。消费者购买产品，往往基于某种情调的考虑，因而产品在具有物质功能的同时，还要有一定的欣赏价值，有一定的文化情调。情调就是通过不同的物质材料和工艺手段所构成的点、线、面、体、空间、色彩等要素，构成对比、节奏、韵律等形式美，以及由此形式美所体现出的某种并不具体、但却实际存在的朦胧的情思，表现出产品特定的文化氛围。比如，使用蜡染或扎染面料来设计时装，富有浓郁的民族文化情调；使用彩陶纹饰、图腾纹饰、洞穴壁画图形来设计装饰，富有浓厚的原始文化情调；使用古色古香的陶杯、瓷瓶、铜爵、木盒、竹筒作为酒的包装物，则富有古代文化的情调。一些年轻人喜欢牛仔服、运动装、休闲装和带"洋味"的产品，其中一个重要原因就是为了追求那种时尚情调、异国情调和青春气息。

文化情调可以满足人们日益增长的情感需要。在现代社会，经济活动的高度市场化和高科技浪潮的迅猛发展，引起了人们生活方式的剧烈变化。快节奏、多变动、高竞争、高紧张度取代了平缓、稳定、悠哉游哉的工作方式；各种产品源源不断地涌入家庭，使人们越来越多地以机器作为交流对象。与全新的工作方式和生活方式相对应，人们的情感需要也日趋强烈。正如美国著名未来学家奈斯比特所说，每当一种新技术被引进社会，人类必然产生一种要加以平衡的反应，也就是说产生一种高情感，否则新技术就会遭到排斥。技术越高，情感反应也就越强烈。作为与高技术相抗衡的高情感需要，在消费领域中直接表现为消费者的感性消费趋向。消费者所看重的已不是产品的数量和质量，而是与自己关系的密切程度。他们购买商品是为了满足一种情感上的渴求或是追求某种特定商品与理想的自我概念的吻合。在感性消费需要的驱动下，消费者购买的商品并不是非买不可的生活必需品，而是一种能与其心理需求产生共鸣的感性商品。因此，所谓感性消费，实质上是人类高情感需要的体现，是现代消费者更加注重精神的愉悦、个性的实现和感情的满足等高层次需要的突出反映。

3. 文化心理

文化心理是指一定的人群在一定的历史条件下形成的共同的文化意识。例如，就色彩而言，幼儿喜爱红、黄两色（纯色），儿童喜欢红、蓝、绿、金色，年轻人喜欢红、绿、蓝、黑及复合色，中年人喜欢紫、茶、蓝、绿；男子喜爱坚实、强烈、热情之色，而女子喜爱柔和、文雅、抒情的色调。在法国，人们喜爱红、黄、蓝、粉红等色，忌墨绿色，因为它会使人想到纳粹军服。在日本，人们普遍喜欢淡雅的色调，茶色、紫色和蓝色较流行，特别是紫色，被妇女尊崇为高贵而有神秘感的色调。而在中国，城市居民喜爱素雅色和明快的灰色调，乡村和少数民族地区喜爱对比强烈的色调。对产品的设计要充分考虑人们的文化心理，使产品的形态、色彩、质感产生悦人的效果，而不能给人以陈旧、单调、乏味的感觉，更不能因违背习俗而招致忌讳。例如，冰箱的颜色多为白色和豆绿色，是因为白色意味着洁净、卫生，而绿色象征着生命，它们暗示着冰箱中的食品是可食的，对身体是有益的。红木大多数呈紫色，产于印度等热带地区，能保证家具不变形、不怕虫蛀，还能够保证家具的结构的连接时榫卯结构，不用钉子和胶水，从而使表面展现木材本色的质感，而不需要上油漆。

4. 文化精神

文化精神是一个民族或一个时代最内在、最本质和最具生命力的特征，同时也是最有表现力的特征。文化精神是产品文化的总纲，文化情调、文化功能和文化心理最终都归结和取决于文化精神。一方面，产品设计要体现民族文化精神。产品设计不能孤立地存在，必然受到民族传统和民族风格的影响。各民族独特的政治、经济、法律、宗教及其思维方式都可以通过产品表现出来，比如德国的理性、日本的小巧、美国的豪华、法国的浪漫、英国的矜持与保守等，无不体现在他们的产品设计之中。另一方面，产品设计还要体现时代的文化精神。

3.2 艺术对产品设计的影响

在人类起源阶段，设计与艺术是分不开的。在人类社会的发展历史长河中，艺术对设计自始至终都产生着既深刻又广泛的影响。无论从两者的起源发展，还是创作手法以及今后的发展来看，艺术与设计总是相互促进、相互渗透的。艺术对设计的影响具体表现在以下几个方面：

3.2.1 艺术与设计同时起源于社会生产实践

关于艺术的起源，古今中外有很多说法，比较有影响的是以下几种说法：摹仿说、游戏说、巫术说、表现说、劳动说。

托尔斯泰说"艺术是表现情感的工具"，艺术的产生经历了一个由实用到审美、以巫术为中介、以劳动为前提的漫长历史发展过程。事实上，巫术在原始社会中同样是人类的一种实践活动。对于原始人来说，巫术具有特殊的实用性，他们甚至认为巫术的作用远远大于工具，拥有巨大的威力。这种原始社会中的巫术礼仪活动，同原始人采集、狩猎等生产活动和社会群体交往活动融合在一起，形成了渗透到物质领域和精神领域各个方面的原始文化。正是在这种原始文化的土壤上，艺术才得以产生和发展起来。艺术的起源很可能是多因的而并非单因的，尤其是各种形式的原始艺术的出现，更难以用单一的原因来囊括。但是，归根结底，艺术的产生和发展是由于人类的社会实践活动，艺术是人类文化发展历史进程中的必然产物，艺术的起源应当是原始社会中一个相当漫长的历史过程。

同样，设计的产生与艺术的产生是很相似的，设计产生的主要目的是生存，原始人为了生存用石块做工具、用兽皮做船筏、用木棍来驱赶野兽等，都是为了能在当时艰苦的环境下生存下来。归根结底，设计的产生和发展也是起源于人类的社会生产实践活动。比如中国先秦时期，将礼、乐、射、御、书、数称为六艺，依靠这六项基本的技艺，人们得以生存下来，设计也就包含在这些技艺中了。

3.2.2 设计的艺术手法

设计师的设计过程与艺术家的艺术创作过程有许多相似的地方。艺术创作过程一般分为艺术体验活动、艺术构思活动和艺术传达活动三方面或三个阶段。与之类似，产品设计过程也包括生活体验活动、设计构思活动和设计传达活动。设计的艺术手法有借用、解构、装饰、参照、创造，同样采用了与艺术相同的创作手法。例如香水瓶的设计就借用了戏剧的装饰手法（图3.2），高跟鞋的设计就参照了服装的装饰手法来点缀鞋面（图3.3）。

图3.2　香水瓶　　　　　　　　图3.3　工艺鞋

图3.4 明代椅子　　　　图3.5 "百老汇"椅

3.2.3　艺术风格、艺术流派、艺术思潮对设计的影响

1. 艺术风格

艺术风格就是艺术家的创作在总体上表现出来的独特的创作个性与鲜明的艺术特色。艺术风格具有多样性、时代性和民族特色。与之相似，设计风格是产品中所表现出来的艺术特色和创造个性，它体现在产品的各个要素中。设计风格亦是一种文化存在，是设计语言、符号的使用与选择的结果。风格本身也是一种符号，是艺术形象性的标志。设计风格也具有多样性、时代性和民族特色。同样是椅子，明代的椅子显得雍容、大方，富有中国传统的文化气息（图3.4）；意大利设计师贾埃塔诺·贝谢设计的"百老汇"椅造型新颖、色彩鲜艳、质地别致（图3.5），富有意大利的民族风情。

2. 艺术流派

艺术流派是指在中外艺术一定历史时期里，由一批思想倾向、美学主张、创作方法和表现风格方面相似或相近的艺术家们所形成的艺术派别。典型的艺术流派——波普艺术源自20世纪50年代初期的英国，是20世纪英国艺术中充满生机和繁荣的一部分，"POP"是英文"Popular"的缩写，意为通俗性的、流行性的，至于POP ART，所指的正是一种大众化的、便宜的、大量生产的、年轻的、趣味性的、商品化的、即时性的、片刻性的形态与精神的艺术风格。就词义而言，"波普"是大众的意思，也含有流行的意思，所以也有人将波普艺术直接翻译成流行艺术。早在20世纪40年代，照片就开始成为新的描述性绘画的部分基础。从那时起，一些年轻的艺术家也开始对将摄影用于绘画感兴趣，他们认为这样可以使艺术更贴切地涉及现实世界。从1952年开始，以伦敦的当代艺术学院（the Institute of Contemporary Arts in London）为中心的"独立团体"开始讨论当代技术和通俗表现媒介的有关问题。这个团体包括画家理查德·汉密尔顿（Richard Hamilton）、雕塑家爱德华多·保罗齐（Eduardo Paolozzi）、批评家劳伦斯·埃洛威（Lawrence Alloway）、艺术史家和批评家彼得·雷纳尔·班哈姆（Peter Reyner Banham）等人。他们酝酿成立一个独立的艺术团体，这个团体迷恋新型的城市大众文化，而且特别为美国的表现形式所吸引。当时，美国经济因为二战得到飞速发展，在战后成为了世界第一大强国，率先进入了丰裕社会阶段，这对于战后物资匮乏的英国人来说，具有非常大的诱惑力,成为他们向往的生活方式。20世纪50年代末期,享乐主义在西方资本主义大国已站稳了脚跟,新一代的艺术家们顺应时代风气,发起了放荡的、轻浮的、反叛正统的、以取乐为中心的艺术。针对当时在欧美已不可一世的抽象表现主义以及那些反美学精神,他们讨论如何更好地运用大众文化,目的是致力于对"大众文化"的关注。他们努力要把这种"大众文化"从娱乐消遣、商品意识的圈子中挖掘出来,上升到美的范畴中去。在这一群青年画家中,有一位后来把自己艺术推向最大众化的拼贴艺术画家,他就是理查德·汉密尔顿。理查德·汉密尔顿展出了他的一幅拼贴壁画的照片《是什么使今天的家庭如此独特、如此具有魅力?》(Just What Is It That Makes Today's Home So Different, So Appealing)(图3.6),他的这幅题目冗长的拼贴画是英国第一幅波普艺术作品也是最典型的波普拼贴画,这件浓缩了现代消费者文化特征的作品格外引人注目,使波普艺术的特质得到更大程度的体现,其最显著的特征就是将目光投向日趋发达的商业流行文化,用极为通俗化的方式直接表现物质生活。这一作品表现了一个"现代"的室内,那里有许多语义双关的东西:"POP"这个词写在一个肌肉发达、正在做着健美动作的男人握着的棒棒糖形状的网球拍上,"POP"既是英文"lollipop"一词的词尾,又可以看作是"popular"一词的缩写;沙发上坐着一个裸体女子,裸体男子的健美体格与裸体女子的性感肉体,也正是西方现代文化的潮流事物;房间采用了大量的潮流物品来装潢:电视、卡带式录音机、连环画图书上的一个放大的封面,等等;透过窗户可以看到一个电影屏幕,正在上映的电影《爵士歌手》里面的艾尔·乔尔森的特写镜头。在创作这一作品时,汉密尔顿列了一张清单,列出他认为应该包括的内容:男人、女人、食物、报纸、电影、家庭用品、汽车、喜剧、电视资料以及当时杂志流行的形象,同时,该作品也全面预示了1957年汉密尔顿对波普艺术所下的定义,这显然也是艺术家本人对当时流行文化特征的一种概括。在波普艺术的影响下,当时的设计师设计出大量波普风格的产品,如手形的沙发(图3.7)。

3. 艺术思潮

艺术思潮是指在一定社会历史条件下,特别是在一定的社会思潮和学术思潮的影响下,艺术领域所发生的具有广泛影响的思想潮流和创作倾向。在中外艺术史上,曾经出现过不少艺术思潮,突出地反映了某一特定时代的社会思潮和审美理想,对各门艺术都产生了重大影响。仅仅从17世纪以来,就产生了有重大影响的艺术思潮,如古典主义、浪漫主义、现实主义、自然主义、现代主义以及后现代主义,等等。20世纪初叶,以德国为中心的表现主义、以法国为中心的超现实主义、以意大利为中心的未来主义、以英国为中心的意识流文学等,几乎同时在欧美盛行。在这些艺术思潮的影响下,也产生了大量的现代主义的产品和后现代

图3.6 理查德·汉密尔顿作品

图3.7 手形的沙发

图3.8 甘蓝叶花瓶

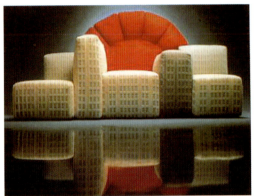
图3.9 "纽约日落"沙发

主义的产品,如芬兰设计师阿尔瓦·阿尔托设计的甘蓝叶花瓶(图3.8),简洁、纯净,是典型的现代主义产品;1986 Geatano Pesce设计的"纽约日落"沙发(图3.9)就是典型的后现代主义风格的作品。

古今中外艺术风格、艺术流派、艺术思潮都对设计产生了深远的影响。在一定历史时期,只要形成了某些艺术风格、艺术流派、艺术思潮,都会产生相应的设计风格、设计流派和设计思潮,艺术的发展与设计的发展总是相辅相成的,艺术的发展会促进设计的发展,同时,设计的发展也会更加扩大艺术的影响力。从人的心理上来说,自我实现需要是一种实现个人的理想、抱负、充分发挥自己的潜能,希望完成和自己能力相称的工作,越来越成为自己所期望的人物的需要。人在达到温饱之后,追求发展和进一步的满足,包括物质享受和精神世界的满足,生活应当美好,性格需要表现,成就追求承认,地位期望彰显,权力期望膨胀。这一推动历史发展和社会进步的力量,也就是促使艺术与物质生产分离,走上纯艺术的道路的力量,这一力量同时促使古往今来的物质技术产品具有艺术的内涵。

3.3 科学技术对产品设计的影响

从设计产生的时候起,科学技术就一直是影响设计的一个重要因素。现代科学技术对设计的渗透和影响更加深入和广泛,表现出如下几个方面:

第一,表现在现代科学技术为产品设计提供了新的物质技术手段,新材料、新工艺层出不穷,促使新的具有智能、特殊产品的产生。

第二,表现在现代科学技术为产品创造了前所未有的文化环境和传播手段,为产品设计提供了更广阔的天地。

第三,表现在艺术与技术、美学与科学的相互结合与相互渗透,对人类生活产生了深刻影响,也促进了科学技术与产品设计的发展。

第四,表现在科学领域的重大发现对设计观念和美学观念产生了巨大而深刻的影响,例如系统论、控制论、信息论、模糊数学等观点和方法已经被运用到产品设计研究之中,成为某些产品设计理论和产品设计评价的观点和方法;人机工程学的理论为人性化设计提供了理论依据和指导;信息技术、网络技术和数字化相结合产生了虚拟现实技术,虚拟现实技术使得用户可以参与产品的设计,虚拟现实技术的应用大大缩短了新产品的开发时间,并降低了产品开发的成本。

2009年的最佳产品设计都是高科技产品。以往有将近1000万得慢性阻塞性肺病的美国人靠药物或干咳以促使呼吸冲破堵塞肺部的痰黏块,一种新型的医用声学肺笛(图3.10)能将积聚在肺部的痰黏块吸出，只需要吹15~20口气即可。朝这根管乐器吹气将持续的16赫兹颤动传导到吹气人的肺部，松动积聚在肺部的痰黏块，以将其咳出。这根笛子还可以作为提取肺积液简易方法用于肺结核测试，在肺结核流行的发展中国家特别有用。

图3.11所示为全天候的助听器，也称为吕雷克助听器，是第一款不必手术植入就可以持续佩戴数月的助听器。黄豆大小的装置在耳道里可停留长达4个月，洗澡和睡觉时也能佩戴。它比市面上任何助听器离耳鼓都近，仅相距1/6英寸。这样它可以最大限度地在自然状态下利用外耳来捕捉声响。在话筒口，距离接近也减少了变声。佩戴者凭借一根电磁杆便可以调节音量或者开关。佩戴者只要每3~4个月到听觉学家那里更换一次即可，用时也不长。

汽车本身就是科技发展的产物，从卡尔·奔驰造出的第一辆以发动机为动力的车辆到现代的汽车，科学技术的进步都集中在车辆上。轿车已经演变成一个容纳先进技术的平台，几乎现在流行和将要流行的先进技术最终都要被轿车收罗进来，成为其中的一部分。新材料和新工艺在轿车装饰中应用及其广泛。现在，有的轿车上已经设置了计算机局域网、无线上网、还配备了电视、音响、冰箱等生活设施，轿车从代步工具演变成家和办公室的延伸。现代轿车面漆技术变化最大的有两项：一项是油漆的黏附力和硬度都有大幅度提高。随着车速的提高，轿车更加容易受到碎石和尘埃气流的袭击，漆面很易被划花。1988年，美国福特汽车公司率先在雷鸟和美洲狮轿车上采用了局部聚氨酯底层-表层涂料系统。这种涂料系统能抵抗碎石的袭击，不易划花漆面，而且油漆黏附力极强，即使轿车车身被撞瘪了，油漆也不会脱落。目前多数轿车都采用了相似的抗击底漆和面漆。另一项是用水基油漆代替溶性油漆。许多发达国家的汽车厂家已用水基油漆逐步代替溶性油漆。水基油漆含溶剂极少，不污染自然环境，而且漆面质量优于溶性油漆，显得更加光亮悦目。

汽车的"心脏"——发动机技术经历了三次重大变革，即从化油器到电喷技术再到直喷技术的历程。最先是化油器供油的发动机，然后是涡轮增压和电子控制喷射发动机，增加了发动机的动力，现在是缸内直喷式发动机，不仅提高了发动机的动力，而且还可以控制供油量。缸内直喷技术其实就是将喷油嘴安置在汽缸内，喷油嘴放置在气缸内的好处就是在供油时不需要再等待气门的开启，也不会受进气阀门的开关而影响油气进入汽缸的量，且能经由计算机的判断来自由控制供油的时机和分量，至于进气阀门，则只单纯提供空气进入的时程。缸内直喷引擎在中低转速节气门半开状态，空气由进气阀门进入气缸，由于采用缸直喷技术的引擎活塞顶部有特殊的曲面设计，会使空气进入气缸后在火星塞与活塞顶部间形成一股涡

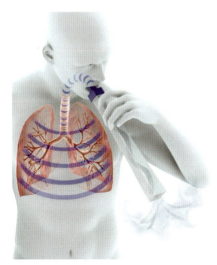

图3.10 医用声学肺笛

图3.11 全天候的助听器

流，当压缩行程接近尾声时，高压喷油嘴会喷出少量适当的汽油来进行点燃，以充分提高引擎的燃烧效率和降低引擎运转时的油耗。汽车市场的未来"中坚力量"。TSI（涡轮增压与汽油直喷的结合）发动机成功地将来自柴油发动机的缸内直喷供油技术应用于汽油发动机，是发动机发展史上的重要里程碑。配合涡轮增压技术，TSI发动机实现了最大动力性能、最小燃油消耗和最佳清洁排放的优化结合，被称为划时代的创新技术成果，同时也代表着汽油发动机的未来发展方向。

3.3.1 产品设计材料选择与文化

产品设计的选材受到深刻的文化因素的影响。在产品设计中，材料的选择是一个非常重要的因素。材料是产品构成的物质基础，也是社会文明的标志。莫里斯·科恩在《材料科学与材料工程基础》一书中写道："我们周围到处都是材料，它们不仅存在于我们的现实生活中，而且也扎根于我们的文化和思想领域。"事实上，材料一方面成为造物的物质基础和构成物品的基本内容，另一方面也成为人们实现自己目的和理想的中介物、对象物，而与人形成一种密切的联系。材料的选择是产品设计是否成功的决定因素之一。由于新材料和新工艺的层出不穷，使得产品设计的材料的选择范围不断扩大，材料的选择要考虑材料的物理、化学特性等内部因素，还要考虑经济、工艺、安全和环境等外部因素，产品设计选材的文化特性体现在以下从几个方面。

1. 选择材料要体现民族文化特色

我国明代的家具之所以富有民族文化特色，很大程度上归功于红木的优良品质，明代家具的设计是中国传统文化的代表作，优质的红木成就了明代家具的结构美、造型美、材质美和装饰美（图3.12、图3.13）。红木一般都具有以下特点：木质坚硬，手感沉重，沉于水；年轮成纹丝状，波痕可见或不明显；纹理纤细，有不规则蟹爪纹；无香气或很微弱，浸水不掉色；大多数红木呈现褐红色、暗红色或深紫色，产于印度等热带地区。优质的红木能保证家具不变形、不怕虫蛀、能够保证家具连接时采用榫卯结构，不用钉子和胶水，家具表面不需要上油漆，红木本身的颜色和木纹就非常美丽。选材时，材料的种类要尽量精简，避免过多的材料堆砌，这样可以减少生产、制作成本，降低原材料的损耗。产品的表面装饰也要尽量简洁，表面的装饰材料要精练。

图3.12　靠背圈椅　　　　　　　　　图3.13　彭牙方凳

图3.14 茶壶

图3.15 调味瓶

2. 选择材料要体现产品的艺术美

产品的艺术美感很大程度上依赖于材料的材质美，材料的美感体现在材料的色彩美、材料的肌理美、材料的光泽美、材料的质地美和材料的形态美。在设计中，要选择合适，将材料的上述美感融合在一起，就能使产品能够满足人们的审美需求。著名的阿勒西公司（Alessi）所设计的杯子和调味瓶就是利用材料的色彩美、肌理美、光泽美、形态美将产品的艺术美表现得淋漓尽致（图3.14、图3.15）。

3. 新材料是产品设计创新的源泉

每一次新材料的出现都会给设计带来新的飞跃。设计大师密斯说："所有的材料，不管是人工的还是自然的，都有其本身的性格，材料及构造方法不一定是最上等的，材料的价值只在于用这些材料能否制造出什么新的东西来。"20世纪60年代是高分子材料和染料工业发展的黄金时代，形成了当时人们对红、绿、黄色等流行色的狂热爱好，使人们深信美好的未来，从而改变了人们对于社会环境、生活方式和价值的观念，推动着历史的进程。如今新材料、新工艺更加广泛地应用于产品的创新，新材料和新工艺成为了产品设计创新的源泉。选材的新奇，能带来产品的创新。例如，碳纤维是一种复合材料，具有高强度、高模量、耐高温、耐腐蚀、耐疲劳、抗蠕变、导电、传热、比重小和热胀胀系数小等优异性能，利用碳纤维设计的概念厨房（图3.16）为当代家庭再次检验利用整个厨房空间在形式和计划上的可能性。一个厨房的构想不能仅仅依据空间，还必须从更广泛的意义上考虑，作为一个倾向于突破封闭空间的地方，这样的特征决定了能够从社会角度考虑。此款设计采用了先进的合成材料，使形式与技术创新一体化。Kevlar（凯芙拉）是由杜邦公司生产的一种高强纤维，用于防弹衣和防护服等，由其制成的防弹衣可以说是"一夫当关，万夫莫开"，而凝胶聚氨酯则在弹性和延展性上面具有独一无二的优势，两者结合制作的防弹衣既有弹性，又能防弹（图3.17）。这种产品可用于保护处于瓦斯爆炸危险之中的开矿人员，同时榴散弹和强大的压力波对于它也是无效的。LG电子在全球首先将镀铬合金技术应用在了MP3播放器上（图3.18），这种表面材料一般应用于太阳镜、化妆品盒子等时尚物品的表面，这款MP3简洁明快的造型节省了原材料，生产过程中可以轻松的组装起来，值得一提的是，明亮的外表面材料中并没有掺入有毒的防腐剂。

4. 选择材料要体现极约主义的设计思想

图3.19所示的沙发是菲利浦·斯达克设计的，采用非常简约的造型，材料也较单纯，体现了极约主义的设计，减少了资源、能源的消耗，制作工艺也简单。

5. 选择材料要实现绿色设计

目前，能源、资源的匮乏，无论设计什么产品，都提倡在产品设计的整个生命周期内尽量

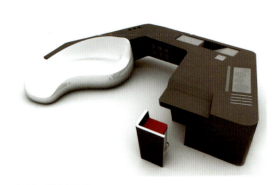

图3.16　碳纤维厨房　　　　　　　　图3.17　防弹衣　　　　图3.18　MP3播放器

图3.19　沙发

减少能源、资源的消耗，并减少对环境的污染。设计产品时，若能做到因地制宜取材是最好。由于全球气候变暖，造成阿尔卑斯山脉的雪逐年融化，严重威胁着滑雪胜地瑞士的旅游业。科学家将在瑞士中部的安德马特滑雪场展开一项惊人的工程：将一块3000平方米、相当于好几块足球场大小的超级"塑料保鲜膜"覆盖在当地的格胜冰川雪峰上，以抵抗炎炎烈日对雪山的侵蚀。这张巨型"保鲜膜"共有两层，表层为聚丙烯材料，底层则为聚酯材料，这种"保鲜膜"对阳光所含热量和紫外线的反射率要高出许多倍，在它的保护下，下面冰川融化速度将大大放慢。这种"保鲜膜"每平方米单价为20欧元，即总费用约为60000欧元，这比用稻草包裹冰雪，然后再用木棍铁棒异地拖运积雪，显然要省钱、省力得多。

　　产品设计选材与文化总有千丝万缕的联系，新材料、新工艺的应用总是给产品的创新提供了物质基础，社会的文明进步总是可以从产品的材料上体现出来。在物质文化和精神文化的浸润下，设计师一定能通过设计材料实现为人类造福的宗旨。

3.4　社会审美心理对产品设计的影响

　　艺术设计除了实用功能外，还具有审美功能。艺术的审美功能是指艺术设计产品满足人的审美需要，给人带来美的享受的能力。在满足人的审美需要方面，艺术历来起着重要作用，艺术设计的产品也能发挥审美功能，它们以美的外形、结构和色彩向大众传播审美信息，满足、激起和发展人们的审美需要，并促使审美需要变成消费需要。人们需要新产品，不仅是为了这些产品的新属性，而且是为了满足审美需要。产品的外观主要包括形态、色彩、材质三个方面，如果一个产品有夺人眼球的外观，必然会吸引消费者去购买。每一个产品的外观可以有很多种，设计师的工作就是在综合各种因素的前提下，选择出符合消费者要求的外观方案，设计是连接品牌和消费者的一个关键部分，设计在令差别富有意义和被商业及创新认识、认可上，也是一种关键驱动力。日本设计师原研哉在《设计中的设计》一书中强调，如果我们周围的产品精心而美妙，那么人们的审美趣味将往正数上提升，如果我们周围的产品烂糟糟的，那么人们的审美趣味就会往负数上走。如果用这样的标准来审视我们的消费市场，就不难理解，为什么一些好的设计总显得过于小众。

3.4.1 消费者审美需求的文化特性

消费者对产品的外观是有双重要求的，一种是精神上的，一种是物质上的，产品本身有三种功能，即实用功能、审美功能和象征功能。产品的外观应是这三种功能的协调和综合。人们购买金银首饰，主要目的是起装饰作用，漂亮的首饰也反映了人的审美品位，而贵重的首饰则是身份和地位的象征，如世界上最大的一颗钻石就镶嵌在英国女王的皇冠上。

3.4.2 产品外观的情感设计

刘勰的《文心雕龙·诠赋》中提出"情以物兴"、"物以情观"，就是要工业设计师们以"物我交感"、"心物应合"双向生成的设计理念，将自然形态转化为富于生命力和情趣的设计形式，从而创造出有生命力的作品。如果一个产品的外观能够唤起消费者的美好情感，能够体现人与人之间的真挚感情，就可以使消费者对产品产生美感。俄国著名的作家托尔斯泰也曾表达了对艺术的看法，他把艺术看作人与人相互交际的手段之一，他写道："在自己心里唤起曾经一度体验过的感情，在唤起这种感情之后，用动作、线条、色彩、音响和语言所表达的形象来传达出这种感情，使别人也体验到这同样的感情，这就是艺术活动。艺术是这样的一项人类活动：一个人用某些外在的符号有意识地把自己体验过的感情传达给别人，而别人为这些感情所感染，也体验到这些感情。"产品的情感主要是能带给消费者新奇感、独立感、安全感、感性、信心和力量感。图3.20所示的铅笔筒，采用鲜艳的颜色、小动物的造型，使该产品富有生命力和情感，能博得小学生的喜爱；图3.21所示的存钱罐设计成了一个卡通的金鱼，别致而富有活力，也同样能让孩子们爱不释手。

3.4.3 消费者审美心理的发展趋势

消费者的审美过程是产品的客体通过消费者的感觉器官包括视觉、听觉、触觉、嗅觉、味觉等，接受到产品的各种信息，然后对产品产生审美体验，从而，获得审美享受。当然对产品的外观审美主要是通过视觉和触觉。

消费者的审美心理是丰富多彩的，审美心理包含着许多因素，比如有文化、地域、经济、

图3.20 铅笔筒   图3.21 存钱罐

年龄、性别等因素，它本身就是一个多元化的系统，会随着时代的变化而变化，唯一不变的是人类对美的不懈追求，消费者的审美要求也是多层次、多样化的。消费者审美心理既有个性，又有共性。

1. 审美趣味体现时代精神

在科学技术迅猛发展的今天，技术含量较高的外观设计总是会受欢迎的。随着经济全球化的浪潮逐步掀起，设计的全球化趋势也日益明显，东西方文化在不断交流中互相影响、互相渗透，人们的审美趣味也有一些相似的东西。

2. 消费者的审美标准具有多样性

从人类一诞生起，美就以最切近又最神秘的方式伴随着人类的精神世界，古希腊毕达哥拉斯学派认为"美就是和谐"，而黑格尔认为"美是理念的感性显现"。生活中存在着许多美的东西，车尔尼雪夫斯基就认为"美是生活"，他说道："任何事物，凡是我们在那里面看得见依照我们的理解应当如此的生活，那就是美的；任何东西，凡是显示出生活或使我们想起生活的，那就是美的。"设计师不仅要发现美，还要创造美，要深入生活实际，了解人们的生活方式、风俗习惯。设计的产品要贴近生活才能产生美感。

3.4.4　产品的外观设计与消费者的审美文化

为了使产品迅速变成商品，生产也越来越关心大众的审美需要和审美趣味。设计师首先要了解消费者的审美需求，才能设计出符合消费者审美的产品。

1. 个性与共性

设计师要处理好审美心理的个性与共性，在拥有一定共性的前提下，努力创造个性，满足消费者个性化的要求。关注人，是设计师的兴趣所在，要想让人们拥有好的、可靠的和能够带来幸福的东西，这些东西实用、功能性好、令人愉悦、有吸引力、富有魅力、充满娱乐性。服装设计师对个性与共性最敏感，总是千方百计地设计出与众不同的服装款式，而一些服装生产厂家总是模仿和抄袭最新的款式，实际上，一款服装并不适合所有人，因穿着者的身材、气质、年龄、种族有所不同，每个人应穿出自己的个性。例如，中国妇女穿着旗袍能充分展现东方女性秀丽、端庄的魅力；西方的男子穿着西装则能使他们显得英俊、潇洒。

2. 继承与创新

有些名牌产品，它们的外观带有品牌的突出特征，比如英国的劳斯莱斯，作为一款顶级房车，是上流社会身份与地位的象征，融入其中的技术含量随着时代、技术的进步而不断更新、完善，但汽车的整体造型风格与设计理念却得到了备加用心的保留，汽车的前水箱冷却罩的方正、大气、冷峻、秩序感十足的造型及上方的小天使形象一直保留到今天，这形成的便是人们认同的劳斯莱斯的印象。保持原有造型风格，商家通过其品牌效应，保证良好的经济效益，深一层便是商家善于利用大众对于品牌形象的认知心理。当然只有继承没有创新也是不行的，人在潜意识里都有喜新厌旧的心理，即使一个产品的外观很好，如果长时间的一成不变，也会引起人们的审美疲劳。一般的审美心理过程都是欣赏—平淡—厌倦。比如各个手机的生产厂家都不断推出新款的手机，造型、色彩和材质都不断变化，以满足消费者求新的要求。找寻新的造型、充分利用材料和其转化的过程、跟随人类行为的潮流，引领设计师超越平常生活，看得更远。

3. 产品的品牌文化

设计师并不只是被动地去迎合消费者的审美趣味，而是可以通过创立品牌形象，提高大众的审美品位。优良的产品，同时也是艺术品，消费者在使用商品的同时，也可以得到艺术享受。图3.22、图3.23所示是绝对伏特加的酒瓶，图3.24所示是酒瓶及包装盒，这些酒瓶的外

图3.22　　　　　　　　　　　图3.23　　　　　　　　　图3.24

观新颖别致、色彩鲜艳，能够吸引消费者购买，并能满足消费者的审美需求。其中，酒鬼酒的包装将经典的书法艺术用在包装盒上，富有中国传统的文化特色。

产品的外观设计应满足消费者的审美要求，设计师必须要深入生活，深入、细致地了解人们的生活方式、审美趣味，才能设计出能带给人艺术享受的产品。产品的外观要不断创新体现时代精神、引领时尚潮流，才可能被消费者认可。最终，使消费者从审美上感到"物移我情"（符合消费者审美心理），从感知上感到"物宜我知"（符合消费者的知觉心理），从认知上感到"物宜我思"（符合消费者的认知心理），从操作上感到"物宜我用"（符合消费者的操作动作特性），这样才能实现"物我合一"的设计目的。

3.5　民族传统对产品设计的影响

在全球化浪潮中，保护各民族的传统文化对维护世界文化的多样性具有十分重要的意义。世界上任何民族，如果抛弃民族文化传统，没有任何特色，就会在世界民族之林中失去地位，同时也在国际上失去影响力。民族传统影响人们的生活方式，从而影响了设计师的设计。产品设计必须符合民族传统和生活习惯，才能被人们所接受。以服装为例，中国的民族传统对各民族的服装设计影响深远，主要表现在以下几个方面：

（1）中国古人的服饰审美意识深受古代哲学思想的影响。

"天人合一"的思想是中国古代文化之精髓，是儒、道两大家都认可并采纳的哲学观，是中国传统文化最为深远的本质之源，这种观念产生了一个独特的设计观，即把各种艺术品都看做整个大自然的产物，从综合的、整体的观点去看待工艺品的设计，《周易》中肯定了人与自然的统一性，人与自然间往往不存在绝对隔离的鸿沟，二者互相影响渗透，人与自然遵循统一的法则，天地自然也具有人的社会属性，同时又包含了与人事有关的伦理道德，表现在审美情感上就是偏感性的。而服装正是体现人和物之间的审美和谐和自然表现形式的外化，这种审美情感意识倾向外露于服装也是合乎"自然"之道的。魏晋时期，竹林七贤放荡不羁的形骸，重神理而遗形骸，所以在服装上往往表现为不拘礼法、不论形迹，常常袒胸露脐，衣着十分随便。

（2）一定经济基础上形成的意识形态直接影响到服装的审美思想。

春秋战国时期，产生了以孔、孟为代表的儒家，以老庄为代表的道家，以及墨、法等各学派，不同派别的意识形态渗透到服饰美学思想中产生了不同的审美主张。如儒家倡"宪章文武"、"约之以礼"，墨家倡"节用"，"食之常饱，然后求美，衣必常暖，然后求丽，居必常

图3.25 唐朝服饰

图3.26 宋代服饰

安,然后求乐",法家韩非子否定天命鬼神的同时,提倡服装要崇尚自然,反对修饰。魏晋时期是最富个性审美意识的朝代。"褒之博带"是魏晋南北朝时的普遍服饰,其中尤以文人雅士居多。如果说魏晋南北朝时期"褒之博带"是一种内在精神的释放,是一种个性标准,厌华服,而重自然,而唐朝的服饰则是对美的释放,对美的大胆追求,其服饰色彩之华丽,女子衣装之开放,是历代没有的(图3.25)。唐代出现追随时尚的潮流,其石榴裙流行时间最长,《燕京五月歌》中有:"石榴花,发街欲焚,蟠枝屈条皆崩云,千门万户买不尽,剩将儿女染红裙。"安乐公主的百鸟裙为中国织绣史上的名作,官家女子竞相效仿。唐朝比以前任何朝代又增加了新的审美因素和色彩,唐代审美趣味由前期的重再现、重客观、重神形转移到后期的重表现主观、意韵、阴柔之美,体现了魏晋六朝审美意识的沉淀。

宋朝时,宋人受程朱理学的影响,焚金饰,简纹衣,以取纯朴淡雅之美(图3.26)。而明代是中国古代服装发展史上最鼎盛的朝代,服饰华丽异常,重装饰。这是因为明朝已进入封建社会后期,封建意识趋于专制,趋向于崇尚繁丽华美,趋向于追求粉饰太平和吉祥祝福。因此,明朝在服装上盛行绣吉祥图案。此外,明代中期南部出现了资本主义萌芽以及发达的手工业和频繁的对外交流,使其服饰从质料到色彩到图案追求艳丽,形成了奢华的风气。

(3)"等级性"是阶级社会的标志,对古人的服装审美意识的影响贯穿了古代社会的始终。

中国古代等级制度森严,受这种等级制度的影响,古代服饰文化作为社会物质和精神的外化是"礼"的重要内容,为巩固自身地位,统治阶级把服饰的装身功能提高到突出地位,服装除能敞体之外,还被当作分贵贱、别等级的工具,是阶级社会的形象代言人。服装就如同一种符号,古代社会中服装有严格的区分,不同的服饰代表着一个人属于不同的社会阶层,这就是"礼"的表现。《礼记》中对衣着等级作了明文规定:"天子龙衮,诸侯如黼,大夫黼,士玄衣裳,天子之冕,朱绿藻,十有二旒,诸侯九,上大夫七、下大夫五,士三,以此人为贵也。"《周礼》中记载:"享先王则衮冕,表明祭礼,大礼时,帝王百官皆穿礼服。"春秋战国时期的诸子百家对服装的"礼"功能亦有精辟见解,如儒家提倡"宪章文武"约之以礼,这种观点的提出是其与其封建等级制度的捍卫者的形象密不可分的。这种"礼"的功能还表现在服装的色彩上,如孔子曾宣称"恶紫之夺朱也",因为朱是正色,紫是间色,他要人为地给正色和间色定各位，别尊卑，以巩固等级制度。在每个朝代几乎都有过对服饰颜色的相关规定。例如，《中国历代服饰》记载，秦汉巾帻色"庶民为黑、车夫为红，丧服为白，轿夫为黄，厨人为绿，官奴、农人为青"。唐以官服色视阶官之品，"举子麻之通刺，称乡贡"。唐贞观四年和上元元年曾两次下诏颁布服饰颜色和佩戴的规定。在清朝，官服除以蟒数区分官位以外，对于黄色亦有禁例，如皇太子用杏黄色，皇子用金黄色，而下属各王等官职不经赏赐是绝不能服黄的。

纵观中国古代服饰的发展，我们可以清晰看到各朝各时期中国民族传统对服装的影响，服装从最早的功能性——遮羞、敝体，经过岁月的流逝与历史的演变，从等级制度的代言人，到后来标榜个性的象征物，已经走过了漫长的岁月，而民族传统贯穿其中，民族传统文化对服装的设计既深刻又深远。

总之，文化的发展一直影响着产品设计的发展，文化对设计的影响是多方面的，科学技术、艺术的不断进步有力地推动了产品设计的发展，并为产品设计搭建了一个十分宽阔的平台，而产品设计的发展也是文化发展的一部分，产品已成为各个时期文化的载体。文化和产品设计两者相辅相成，密不可分。如今的产品设计的竞争，实质上是文化底蕴的竞争，文化造就了人们的价值观和审美观，必须在接受设计师宣扬的文化前提下，消费者才能接受该设计师所设计的产品。由于文化是多层次的，文化对产品设计的影响也是多方面的，产品的文化特性也是多方面的，设计师必须要融入到大众的文化生活中去，才能设计出富有文化内涵的产品。

○ 思考题

1. 论述文化的定义，并说明产品设计的文化特性体现在哪些方面。
2. 选取一个产品，具体说明艺术与产品设计的关系。
3. 论述科学技术对产品设计的影响。
4. 阐述社会审美心理对产品设计的影响。
5. 举例说明民族传统对产品设计的影响。

第4章 产品设计程序与方法

4.1 产品的设计定位

产品的设计定位是设计的关键,也是产品设计的起点。准确、恰当的设计定位是产品设计成功的前提。

4.1.1 产品改良设计概述

产品改良设计又称为综合性设计,是指对现有的已知程序进行改造或增加较为重要的子系统。换句话说,产品整体概念的任何一个方面的改变都可以视为产品改良,产品改良设计是针对已有产品的功能、结构、材料以及造型、色彩等方面进行重新设计。

改良设计是设计工作中最为常见的活动。在物质产品极大丰富的今天,人们对于产品的选择不仅考虑它的使用价值,更考虑的是产品被人赋予的符号价值。符号价值表达了产品的拥有者的社会地位、生活方式、审美情趣。也就是说,人们通过对物品的选择、使用,来向外界"表达"自己是谁、自己的存在状态以及自己与别人的不同之处。在这样的社会背景下,设计师就要通过对原有产品的改良设计,来适应消费者当前的生活方式和风格潮流,从而确保产品具有鲜明的时代特征,这是改良设计占据设计主导地位的最主要原因。如苹果公司的ipod音乐播放器的设计,就是对以往产品进行成功改良的典型案例。

1. 产品生命周期与产品改良设计的关系

产品生命周期是基于市场学的一个重要概念,它是指一个产品从进入市场到退出市场虽经历的市场生命循环过程,进入和退出市场标志着周期的开始和结束。人和产品从销售量和时间的增长变化来看,从开发生产到形成市场,直至衰退停产,都有一定的规律性。产品的生命周期一般分为介绍期、成长期、成熟期和衰退期四个阶段。

产品生命周期是产品的一个基本特征,与企业制定的产品开发策略以及市场营销策略有着极其密切的关系。产品改良设计是延长产品生命周期的有效方法,一般在产品成熟期进行。

这是因为在产品的成熟期里，产品在市场上基本饱和，市场竞争十分激烈，各种品牌的同类产品和仿制品不断出现，这就导致企业产品销售量增长放缓甚至下降。这个时期就需要采取策略以延长产品的生命周期，巩固市场占有率。

产品改良设计是成熟期的市场营销策略之一，其目的就在于发现原有产品的新用途，从而开发新的市场，努力改进产品质量、性能和品种款式，以适应消费者的不同需求，保持老顾客对品牌的忠诚，吸引新用户，提高原来用户的使用率。

2. 产品改良设计的内容

产品改良设计的主要内容包括以下三个方面：

功能可解释为功用、作用、效能、用途、目的等。对于一件产品来说，功能就是产品的用途、产品所担负的"职能"或所起的作用。根据产品功能的性质、用途和重要程度，可以将其分为基本功能、辅助功能、使用功能、表现功能、必要功能和多余功能等。

1）基本功能与辅助功能

基本功能即主要功能，是指体现该产品的用途必不可少的功能，是产品的基本价值所在。例如，手机的基本功能是通信，如果手机的基本功能变了，产品的用途也将随之改变。辅助功能是指基本功能以外附加的功能，也叫二次功能。如手机的基本功能是进行通信，但现在手机为适应消费者的需求，往往都附加了媒体播放、摄像、摄影、游戏等辅助功能。

2）使用功能与表现功能

使用功能是指提供的使用价值或实际用途，通过基本功能和辅助功能反映出来，如带音响的石英钟，既要显示时间，又要按时发出声音。表现功能是对产品进行美化、起装饰作用的功能，通常与人的视觉、触觉、听觉等发生直接关系，影响使用者的心理感受和主观意识。表现功能一般通过产品的造型、色彩、材料等方面的设计来实现。

3）必要功能与多余功能

必要功能是指用户要求的产品必备功能，如钟表的计时功能，若无此功能，也就失去了价值。必要功能通常包括基本功能和辅助功能，但辅助功能不一定都是必要功能。多余功能是指对用户而言可有可无、不甚需要的功能，包括过剩的多余功能。之所以产生产品的多余功能，一般是由于设计师理念的错误和企业在激烈市场竞争中的错误导向而导致的。

在产品改良设计中，对功能的改良必须在与产品的市场定位和预计成本相适应的前提下，以消费者的需求作为出发点来设置产品的功能模型，定义和设计产品的功能结构。利用这种方法，可以使设计者有目的地创造子功能，然后再对这些子功能进行组合。这样，便可以使设计从开始阶段就有一个明确的设计目标，有利于确保最终完成的设计在功能的筛选上符合设计的最初要求。

进行功能定义的意义在于以下几点：

有利于明确设计要求。功能定义实质上抽象表达出需求的设计本质和核心，明确设计需求，有利于设计师找出实现设计需求的功能方式。

有利于功能分析。产品设计中的功能分析就是将产品及各个组成部分抽象成功能，进行功能定义有利于界定功能单元之间的内在联系。

有利于开拓设计思路。

有利于对设计团队的资源进行有效整合和合理分配。

3. 产品人机工学因素的改良

人机工学是研究人、机械及其工作环境之间相互作用的学科。我们知道，人类所创造的人造物是对人的生理、心理机能的延伸，而人机工学正是在对人类本身的工作方式与机械的设计问题的讨论中发展起来的。对产品的人机工学因素进行改良，就是在对用户的使用情况进行调查、分析的基础上，对原有产品中存在的不符合人机工学要求的结构、尺度、功能、操作方式进行再设计，使改良过后的产品能更符合人的尺度，并具有良好的人机界面，以满足使用者的操作习惯与使用心理。总之，产品改良设计中的人机工学因素的改良的根本目的是使改良后的产品具有良好的人机关系和适应性，使消费者在使用产品时真正处于主动地位，而不是对产品的被动适应。

4. 产品形态、色彩与材质的改良

人们在审视产品的过程中，产品的形态、色彩与材质等外在的视觉感受通常先于包括功能、性能和质量等内在因素作用于人的感觉器官，并会直接引起人的心理感受。因此，美国著名学者唐纳德·A.诺曼（Donald A.Norman）在讨论美在产品设计中的作用时就认为，"美观的物品使人的感觉更好，这种感觉反过来又使他们更具有创造性思考"，并由此得出结论，"美观的物品更好用"。一般来说，产品功能方面的改良会受到技术、经济成本等方面的制约，而对产品形态、色彩和材质方面的改良而言，则制约较小，有较大的发展空间；另外，面对激烈的市场竞争，这类改良具有较强的应变力。因此，对原有的产品的形态、色彩、材质进行改良设计，是产品改良设计中的主要内容，并在实际的设计工作中占有重要位置。

4.1.2　产品改良设计程序

产品改良设计往往具有较为明确的设计任务及产品未来的目标状态，而且在设计过程中可以获得丰富的可参考和借鉴的产品资料。产品改良设计在本质上是受市场、技术进步驱动的设计行为，是提高产品可用性、增强产品市场竞争力的重要手段之一。

产品改良设计的程序可以视为一个由"阶段——环节"构成的系统，或者一个环环相扣的交替顺承的过程。一般将产品改良设计的工作分为三个阶段，即发现问题、分析问题和解决问题。在三个阶段中又有十个环节贯穿其中。这些环节在产品改良过程中非常重要，在每个环节的执行过程中，都会有企业、公司的管理层或设计主管对相关工作进行评估，以确保设计过程沿正确的方向进行。

下面，以美国著名Dasign Edge设计公司的贝壳CD盒设计为例（图4.1），来介绍对于传统CD盒进行改良设计的程序和步骤。该产品以其简洁实用的设计获得了2000年的IDEA铜奖。这款产品看似简单而不引人关注，但其背后设计的过程和设计思想的体现确实值得每位设计专业学生认真学习和思考。

图4.1　贝壳CD

鉴于改良设计过程的复杂性和设计任务的具体特点，改良设计的程序也并非是一成不变的，根据具体设计对象的复杂性及设计团队的创新能力的差异，产品改良设计的程序可以做适当的调整，这也正是"基本程序"含义的体现。

CD夹的设计起初并不是一个独立的设计项目，即并没有生产企业直接委托Design Edge设计公司来进行CD夹的改良设计，而是由主要设计完成者之一的鲍勃·拉克斯基提出的项目，他希望为人们在购选CD盒时提供另一种更加方便、舒适的选择，并最终说服了设计公司，同时也带来了潜在的客户名单。正像设计工作的负责人丹尼尔·塔格特所说，"CD夹这种想法的产生并不规范"，但它的确在争对传统CD盒的改良设计程序中"修成了正果"。与其他的产品的改良设计过程相同，贝壳CD盒的改良设计也经历了从问题发现、问题分析和问题解决的若干阶段。

1. 发现问题

发现问题是产品改良的起点，解决问题则是产品改良设计的最终目标。发现问题是指企业或设计公司对现有产品存在的设计问题进行描述与分析，然后根据问题的分析结果来指定产品改良设计任务书。

描述问题一般分为两个环节进行。首先，对设计任务进行描述。通过对设计任务的描述，来发现现有产品存在的问题是产品改良设计的重要环节之一。这包括以下工作内容：①明确设计任务，确定设计目标；②制订日程计划（明确时间的限制，确定阶段性目标以保证任务的按期完成）；③制订设计指导原则，明确部门间分工，以免设计团队与工程部门间发生冲突。

其次，对设计问题进行描述。描述问题的常用方法有情境故事法、列举法等。情境故事法主要是通过故事叙述的方法来描述设计问题，通过对环境、使用者、产品的记录和描述，侧重揭示产品使用过程中的问题；列举法属于启发式的问题发现方法，设计师和产品用户对产品的缺点和优点进行列举，全面揭示现有产品存在的问题和不足。

对问题的描述，应注意以下几个方面：①对问题的描述应做到客观、公正和全面，尽量不出现结论的语言描述。这是因为只有对设计问题客观、中肯地描述，才能使其全面反映问题的基本属性，便于设计师快速、准确地确定设计的主攻方向。描述问题中不出现解答性语言描述，防止解答性描述将一些不必要的限制传递给设计师，从而成为束缚和误导设计师设计思维展开的障碍。②问题的描述应尽量具体、清晰，确保设计师能够准确把握设计的实质。③问题的描述应保留一定的可供设计师来控制的设计变量，这样可以让设计师有更广阔的思考空间，有利于设计师发挥主观能动性。

随着电脑及其他视听设备的普及，CD盒几乎成为人们日常生活中的必需品，人们经常要使用、携带它们以保护自己的CD，人们也常会遇到各类CD盒设计存在的问题，因此，对CD盒进行改良设计有其必然的客观要求。

CD盒改良设计的问题描述主要是对设计问题的描述，包括了CD盒的基本功能、实用功能以及表现功能等问题的描述。为了能够全面、客观地挖掘目前CD盒存在的种种使用问题，公司曾采用缺点列举法来发现和描述现有CD盒存在的问题，根据列举出的大量问题，按照问题所属类型及其出现的频率进行归纳。

使用缺点列举法来发现和描述CD盒设计问题的过程是一个典型的思维发散过程，设计师首先要对该产品十分了解，然后依靠回忆来列举自己或别人在使用CD盒过程中遇到的各种问题甚至是潜在的问题。对产品问题的描述是下一阶段设计活动的基础，固然所有的问题描述因其技术复杂性及改良成本的约束，不能在一个设计概念中完全解决，但这些设计问题为下一阶段的改良设计指明了方向。

2. 分析问题

分析问题的过程建立在设计师对设计问题的描述的基础上。在这一阶段，设计师应通过自己的专业知识素养和技能，对产品的需求做经济、技术、文化等方面的调研、分析和判断，确定设计中存在的问题的原因所在，并敏锐地挖掘出具有市场前景的潜在需求，据此确定设计的定位。

针对现有改良产品进行产品调研和市场调研是实施差异化产品策略的重要方面，它能够为产品改良设计提供更加宏观的设计方向。

在通常意义上，产品及市场调研范围包括产品的历史及现状、产品总量、供需关系、适用人群、竞争者、产品技术可行性评估及发展前景等。目前，常用的产品及市场调研方法主要有问卷调查法、访谈法、观察法，其中，问卷调查法是最常用的调研方法。按所采用的调研方式不同，可以将调研分为实地调查和网络调查两种。实地调查属于传统的市场调研方法，它通过对产品的真实用户、产品的使用环境、市场状况等因素进行实地考察来获取产品及市场信息，在一般进行的实地调查中，采用最广的是"问卷"，"问卷"的合理设计关系到产品及市场信息获取的效率和可用性；网络调查是指在互联网上针对特定的问题进行的调查设计、收集资料和分析等活动，网络调查正在被更多的设计师所采用。

针对CD盒的改良设计，恰恰因为产品本身的普及性广和种类多样等因素，决定了有必要做一次较为充分的产品和市场调研。在具体调研的操作时，综合采用了网络调查和实地调查的方式。首先，设计者通过网络调查获取了同类CD盒产品及其市场信息，如大量同类产品的图片资料和基本使用信息、产品所属企业类型、产品的一般设计用户群定位及用户范畴，网络调查部分还获取了目前CD盒产品的主要生产企业及其产品的特色、背景等相关信息。以上网络调查获得的所有信息对于深入了解问题描述部分具有重要的意义，同时也能够促使设计师产生一些改良设计的初步想法和概念。

然后，针对网络调查获得的产品资料进行选择，进一步做实地调查。实地调查的目的主要是了解产品的具体使用环境与使用过程、使用体验相关的信息。调查通常在销售CD盒的商店或者实际用户使用过程进行录像，也可以结合访谈来获取实地调查的信息和数据。

3. 产品需求

需求分析是在综合理解、评价设计问题及市场调研信息基础上，最终形成明确的产品改良设计计划的复杂过程。与新产品开发不同，产品改良设计的特点在于以原有产品为基础，针对产品缺点和不足之处进行改进。需求分析是设计前期的一个阶段，对需求的分析结果往往决定产品改良设计的方向。

在实际操作中，企业面临激烈的市场竞争，设计委托方经常要求在尽可能短的设计周期内完成产品的改良设计工作。因此，产品改良设计的需求分析主要是寻找产品的缺点和不足，并对这些缺点和不足进行比较，找出最迫切需要改进的问题进行有针对性的改良和创新，这是需求分析的主要内容。

4. 设计定位

设计定位在整个设计中起着重要的指导作用，它不仅为整个设计活动指明方向，使设计师明确预期到达的目标，而且能有效防止因设计方向偏离而造成开发的重大失败。设计定位也可视为对设计开发的可行性进行论证的阶段。这一阶段的主要工作是对设计项目从经济、技术、市场需求以及政策和法规等方面进行全面的研究，在此基础上，把研究的成果转化为一套可行的设计开发的实施方案——设计任务书，以此作为下一段实施开展设计时的重要指南。因此，设计定位一旦确定，就应成为全部设计活动实施的基点，整个设计过程都不能偏离这个基点。

对设计定位的分析包括以下两个方面的内容：

1）确定关键的产品特性

这主要体现在改良产品追求的目标，即产品的形象定位和市场卖点。它包括两类要求：一是产品改良设计必须达到的要求，如功能要求、技术要求、安全性要求等；二是期望要求，主要指产品改良所追求的目标，如产品的造型要求、色彩要求、材质要求等。只有较好地满足期望要求的设计，才可以被认为是成功的设计，因此这也是改良设计的重点。

2）对设计定位进行表述

进行设计定位，应根据设计委托方或者市场的需求，将设计任务明确化，这就需要制定设计任务书。设计任务书是关于产品设计方案的改进性和推荐性意见文件。在通常情况下，设计任务说明书在设计项目开始时由项目负责人起草，并分发给参与设计的人员，作为指导设计开发的规范性文件。设计任务书主要内容包括对设计任务的范畴、性质和目的的说明，规定设计师阶段性的工作，详细的设计时间表，具体的合作沟通方式及对预期问题的解决策略等。

在CD盒产品改良设计过程的这一阶段中，设计师需要运用收敛式的思维对众多设计问题进行比较和综合，结合对设计问题的描述和用户的需求分析，Design Edge的设计师认为改良后的CD盒产品应该具有如下基本特征，这些特征就是CD盒改良产品设计的定位：经久耐用的功能性设计，即便在运输工程中也能很好保存CD；简洁方便的操作，用户能够十分容易地打开或者关闭它；轻巧、纤薄，空间设计合理，尽可能小巧玲珑；减少部件，简化加工，降低生产成本；外观、色彩宜人。

CD盒改良设计定位可以被概括描述为人性的、方便的、美丽的三个方面的产品特征，即产品改良设计要在原有产品基础上强调人性化、可用性、形式感。

5. 解决问题

解决问题阶段是展开具体设计作业的阶段。在这一阶段，设计师在充分理解设计条件（如市场条件、企业技术条件等）和设计定位的基础上，提出有创意的设计方案。然后通过一系列可控流程、步骤，最终实现设计向现实生产的转化。

6. 投入生产

投入生产阶段的主要工作是将设计方案转化为具体的工程图纸，为批量生产提供依据。工程图纸主要是按正投影法绘制的产品主视图、俯视图、左视图等多角度视图，根据CD盒的改良产品概念实际制造的产品贝壳形CD盒。

该产品改良之后的特色可以概括为以下三个方面的内容：

（1）贝壳CD盒的改良设计具有极简派的艺术风格、卓越的保护功能、简单方便的操作。

（2）它的外形尺寸和轻微的重量使它非常方便携带和存放光碟，特别是它的微薄，使用者存放两片光碟到两个贝壳CD盒加起来的空间只有一个一般光碟存放的大小。

（3）产品使用一片成型的聚丙烯塑料，即简化了生产过程，又使得产品轻巧、色彩丰富，材料柔韧，即便破损也不会形成传统CD盒尖锐的边角，使用十分安全。

7. 导入市场及跟踪反馈

新产品导入市场不意味着设计师工作的终结，追踪市场对新旧产品的反应和销售变化，能让设计师验证改良设计是否成功以及是否达到预期效果。所以，设计师必须协助设计委托方（生产企业）认真地把改良方案投入到实际生产，并及时发现其中存在的问题，及时加以解决。而要做到对方案导入市场中的问题进行及时解决，就需要建立对方案的跟踪反馈制度。只有这样，才能及时而准确地把方案实施中遇到的障碍和问题及时详细地记录下来，并及时而准确地把方案实施中遇到的障碍和问题及时详细地记录下来，并及时反馈到设计师手中，以便研究对策，及时解决，保证方案的顺利实施。

图4.2

事实上，随着改良产品不断的导入市场以及进一步的跟踪反馈，针对贝壳CD盒的修改也在继续进行。图4.2所示是贝壳CD盒的姐妹产品，除了保留了基本的造型元素外，针对光碟制造业与消费者使用习惯的差异做了几种不同的修改。目前，Cshells家族已经发展出众多成员。

时至今日，贝壳CD盒几乎在全球任何使用光盘的地方都可见到。可以说，贝壳CD盒的设计已经为公司和企业获得了巨大的经济、社会效益，同时，也为产品改良设计在设计程序上提供了宝贵的案例。

4.2　产品的创新构思

4.2.1　产品开发设计概述

产品开发的核心是创新。产品开发的创新活动可分为创造（creation）和革新（innovation）两大类。尽管在产品生命周期各个过程中都存在创新活动，但创新的关键在于产品概念设计阶段。我们现在所处的时代是一个消费需求多元化和个性化的时代。就我国而言，从20世纪90年代末开始，市场格局已由卖方市场转变为买方市场，各类商品和劳务供求总态势是供大于求，消费需求趋向选择的多样化、个性化、档次化、感性化。在这样的市场背景下，生产企业面临着严峻的市场竞争，这就要求企业必须把产品开发放在首要位置，不断以多样化、个性化的创新型产品来赢得市场竞争的主动权。

1. 产品开发设计概述

1）产品开发设计的概念

产品开发设计又称为原创设计，是指从用户需求和愿望出发，并对这种需求、愿望的未来发展趋势做出科学、准确的预测，在此基础上广泛采用新的原理、新的技术、新的材料、新的制造工艺、新的设计理念而设计开发具有新结构、新功能的全新产品的一系列产品开发设计活动。成功的产品创新设计往往具有明显的技术优势和经济优势，在设计理念、功能、技术与造型等方面取得了重大突破，在市场上具有强劲的竞争力。它的出现往往对于原有市场而言不亚于一场革命，从而推动整个产业、市场及产品的更新换代。例如，世界著名IT业Apple公司通过不断开发创新而赢得了巨大的成功。2007年6月7日出版的《经济学人》杂志载文指出："如今的美国苹果公司已经发展成为一个品牌企业。它的品牌力量主要来自于其卓越的创新能力。从1977年的第一台计算机到1984年的带鼠标的麦金托什电脑的出现，再到2001年的iPod播放器，进而到目前风靡全球的移动电话iPhone，通过不断创新，苹果保持着自己的时代优势，从而获得了巨大的成功。"

2）产品开发设计与产品概念设计、产品改良设计的异同

（1）产品创新设计与产品概念设计的异同：产品开发设计与产品概念设计是一对极易混淆的概念。虽然从创新的角度来看，产品开发设计与产品概念设计具有很多相似性，例如，它

们都是面向未来的探索性尝试，都具有很强的前瞻性和创造性。但是，产品开发设计又不完全等同于概念设计，两者的最大区别在于设计的完成度和是否市场化。概念设计预示了当前和未来高科技发展的趋势，也是展示设计师敏锐的洞察力、表现力的理想舞台。虽然概念设计也明确了产品需求和具有相对具体的设计理念和技术特征，但是从概念设计到真正投入生产，还有一个相当长的技术转化过程。因此，概念设计是未来产品的雏形，它并没有形成可以直接用于生产、销售、服务的最终产品。而产品开发设计则基于对消费者新的需求、科技发展的水平以及时代、社会及市场变化的新动向的研究和分析，把上述研究和分析与企业的产品开发战略相结合。产品开发的目标在于满足最终用户的需求，目的在于巩固和扩大企业在市场中的销售份额。但产品开发设计的周期较长，在开发中需要大量的资金、人力、时间的投入，且存在比较大的市场风险，一次不成功的产品开发活动可能对企业的发展造成灾难性后果。因此，必须经过充分的调研、分析，认真评估企业的各方面资源和实力，按照产品开发程序进行。

（2）产品开发设计与产品改良设计的异同：就设计所达成的目标而言，开发设计与改良设计一样，都是以解决问题为导向，以推动新产品为目标的创造性企业行为。但如果从创新程度对两者进行比较，就能够明显看出二者之间存在的差别。产品开发设计作为具有原创性质的一种设计活动，是在产品的工作原理、结构不确定的情况下，针对设计委托方及市场的需求来提出新的产品解决方案。它是一种具有跳跃性、激进性质的设计方法。而改良设计则是在不改变现有产品工作原理的基础上，对已有产品的功能、造型、结构等方面进行改进，以求适应消费者的新需求或提高产品在市场中的竞争力。因此，改良设计更具有逐步革新的意味，是一种渐进式的设计方法。

3）产品开发设计的特征

产品开发设计的基本特征表现为创新性、层次性和复杂性三个方面。

（1）创新性：创新是产品设计的灵魂，只有创新才能得到结构合理、功能新颖、性价比突出、有市场竞争力的产品。如前所述，产品开发设计作为一种具有原创性质的设计，其创新程度远大于一般的产品改良。因此创新性是产品开发设计的主要特征之一。

（2）层次性：产品开发设计过程中的创新活动并不限于单方面因素或者对产品局部的创新。在现代高新科技的支持下，一件新产品的问世往往是多方面、多领域学科相关技术与理念共同推动的结果。例如，苹果公司推出的iphone移动电话，在它那小小的机身中就包含了超过200项的专利技术，同时还包含了许多新的理念。因此，产品创新设计的创新是具有层次性的，可以在产品设计过程的多个阶段、多个层次进行。产品的创新具体体现在以下四个方面：

①设计理念创新：设计理念是指设计的主导思想，产品开发首要关注设计理念的创新。人类寻求解决问题的方法多种多样，不同的设计理念就是不同的方法。例如，传统的手机在解决图像浏览问题时，一般通过操作按键或者触笔来实现，这与人们现实中浏览习惯是不同的。现在，苹果最新的iphone手机（图4.3）浏览图片的模式完全按照现实中人们浏览图片的习惯设计。使用者不仅可以通过从右向左的触摸动作来翻阅下一张图片，而且还可以在不必点击任何按钮的情况下，只通过直接将手机旋转90度来从正确的方向观看。在切换到不同的照片或当照片随着手机的转动而在屏幕上旋转时，动画响应技术的运用可以让使用者感觉同观看真实的照片一样自然。

这一切，如同《经济学人》杂志评价的那样，苹果公司的设计创新的理念之一，就是"苹果充分了解到新产品设计不应只考虑设计本身的要求，而应围绕用户的需求来进行的重要性"。

②功能层次的创新：在产品开发设计中，功能设计是其中一项重要内容。在产品开发设计的起初阶段，功能设计是将对市场需求、用户需求的分析结果抽象为功能目标，即对新产

图4.3

品的功能进行定义，然后，通过功能结构（功能系统）描述产品功能的分解与综合，选用不同的功能元，采用不同的功能分解形式和综合方式，形成不同的功能结构，实现产品的功能创新。

③原理层次的创新：当产品的功能结构（功能系统）确定后，就需要设计出实现产品功能要求的原理方案。原理设计主要针对功能系统中的功能元提出原理性构思，探索实现功能的物理效应和功能原理。实现产品功能的原理可以有多种方式，例如，实现空调的制冷功能可以通过压缩式制冷、吸收式制冷或半导体制冷等制冷原理来实现；再如，实现手机折叠及重叠功能，可以通过翻盖、滑盖、旋转等原理来实现。

④结构层次的创新：产品开发设计中结构层次的创新，是指从实现原理方案的功能载体的结构特征出发，在产品形态设计阶段，通过对设计方案的各种功能载体的结构特征进行创新设计，从而改变功能载体之间的功能组合，实现结构创新；或改变产品的功能载体的形状特征、尺寸大小以及改变产品的功能载体之间的相对位置，这些都属于产品结构层次的创新。

(3) 复杂性：与产品改良设计之前就有明确的、可供参照的产品不同，产品开发设计在其设计之初所能获取的信息往往不够充分，也不确定。这就需要设计师认真对新产的概念进行构思。开发设计的构思阶段是一个去粗存精、由模糊到清晰、由抽象到具体的不断发展的过程。这个阶段的工作自由度大，对设计师的约束也相对较少，但不确定因素多，它是设计师发挥个人创造力、想象力以求在创意上有所突破的阶段，如果设计方向发生原则性失误，将给整个研发过程带来严重后果。另外，产品创新设计中会涉及许多因素，设计过程中任何一个因素的改变，都会导致设计结果的变化，从而表现出设计结果的多样性。例如，对于具体产品的功能定义、功能分解和实现原理的不同认识和方案组合，就会产生完全不同的设计思路和设计方法，这就造成了最终实现的产品在结构、功能及形态上呈现出与预想完全不同的结果。所以，在实际的设计流程中，通常要经过多次循环往复的反馈过程，以求得到令各方都满意的设计结果，这就使得产品创新设计在设计过程中表现出复杂性。

4.2.2 产品开发设计程序

产品创新设计作为产品开发过程中的一项重要工作，是对包括从最初的产品概念构想到对市场的定位分析、构思创新方案技术实现、研发计划以及确保上述内容有效完成的设计管理活动等一系列环节和内容的整合。由于具体产品创新设计存在诸多不确定因素，如不同的设计项目的程序存在差异性，在设计开发过程中新的设计方法、新的技术的导入以及设计目标的变更等情况，这不仅使得产品开发程序在应用中呈现出多样性、复杂性，而且也导致直到今天，在设计界内部也没有在产品开发设计程序的问题上形成一致意见。

对于产品开发设计程序的研究不能脱离对产品创新机制的探讨。产品创新机制有以下五种类型：

(1) 技术推动型产品开发：是将科学或技术发现作为创新的主要来源，在新技术的指导下开发新产品，以满足市场需求。

(2) 需求拉动型产品开发：是根据市场需求来构思新产品，经过新产品的研发、设计和生产，最终投放于市场。

(3) 技术与市场交互作用型产品开发：是强调技术与市场共同形成产品创新的内在驱动力，认为技术与市场在产品开发的不同阶段表现出的作用亦不相同，纯粹的技术推动或者纯粹的需求拉动型产品创新只是产品创新过程中的特殊现象。

(4) 系统一体化型产品开发：即产品的开发过程不是从一个环节到另一个环节的线性发展过程，而是同时涉及一系列相互平行或连续的设计过程与步骤组合而成的。在产品开发的任何阶段，都有创新构思的产生、研究开发、设计制造、市场营销等活动并行存在。该类型的产品开发强调技术研发部门、设计开发部门、生产企业与最终用户之间的沟通与联系。

（5）网络系统一体化型产品开发：强调在当今产品设计日趋国际化，产品的研发周期、生命周期日益缩短的情况下，应充分利用信息网络技术来加快产品开发的进程。

通过对以上五种类型的产品开发的动力机制的介绍，我们不难看出，产品开发的过程不论在表述方式上存在多么大的差异，都有一个共同的特征：它们都是以设计需求为输入、以最佳的设计方案为输出的工作流程。

因此，可以将产品开发设计程序划分为以下三个阶段：概念阶段、设计阶段、实现阶段。下面先介绍概念阶段。

1. 发现问题——了解企业的问题与机会

发现问题是创新的开始，创造过程始于对合适问题的发现，终于问题的合理解决。产品开发设计中的发现问题，就是寻找、分析产品开发缺口，发现市场潜在需要的过程。作为设计师，自觉、主动地培养和训练自我的问题意识，对于个人设计能力的提高极为重要。发现问题首先需要知道问题的来源及其显示出的信息。问题无处不在，既存在于人们的日常生活中，也存在于学习、生产、科研等社会活动中。当我们在上述活动中发现有不方便、不好用、不舒适等感觉时，这就是问题显示出来的信号。在产品设计中，应考虑的问题主要有生产问题、销售问题、用户使用问题和产品回收问题。

在设计的学习和实践中，可供我们使用的发现问题的方法有许多，如缺点列举法、希望列举法、头脑风暴法等，但从广义上来讲，这些方法可分为两种类型：直觉式和逻辑式。下面我们就分别利用这两种方法来发现问题。

1）利用直觉式的创意方法来发现问题

直觉式创意方法是在个人或群体产生概念的基础上，采用跳跃性的思考方法，目的在于从思维上突破常规限制条件，重新构建产品各要素的关系。我们在利用直觉式创意方法来发现问题时，可以借助"概念产生源"来帮助我们多方位、多角度地审视问题，从而使我们提出的问题更加具有针对性和目的性。

利用概念产生源来发现问题时，首先列出若干关键词，然后就这些关键词进行提问。当既定的关键词不足以满足概念产生的要求时，可以再给出新的关键词，然后对新的关键词继续进行思考，直至得到一个令人满意的创新概念为止。利用概念产生源来辅助提出问题。

2）利用逻辑式的创意方法来发现问题

逻辑式创意方法与直觉式创意方法有很大的不同，它要求通过系统的、逻辑推理的过程逐步探求问题的存在和解决问题的方法。这类方法强调在总体指导思想的指引下将技术资料分析与专家意见相结合，解决产品技术方面的问题。利用逻辑式创意方法来发现问题可以分以下两个步骤进行：

（1）确定有价值的问题：有价值问题的分析判断是个人知觉价值的分析判断方法。通过对问题的分析了解，并依据该问题的价值系数和解决该问题需要的知识能力系数，判断解决该问题是否为有价值问题。

（2）确定有价值的真正问题：有价值问题是个人价值和知识能力的判断结果，而有价值的真正问题是社会综合的评判结果。对于有价值的真正问题的确定，需要对其新颖性、独特性和合理性进行理性分析和判断。独特性是价值系数与新颖性系数的相对关系，合理性是可行性系数与科学性系数的相对关系。

2. 分析问题、发展策略予以解决

1）分析问题的内容

看清问题本质有利于设计师把握正确的设计方向。例如，对于"汽车"这一概念，不同的目标客户在不同的环境中就会有完全不同的需求，这就要求设计师根据这些需求提出有针对

性的解决方法。如果是家庭主妇，很可能会提出驾驶中要保障孩童的舒适与安全，那么就需要设计师在内饰空间的划分与安排上动一番脑筋；如果是年轻的"白领"，很可能需要车身外形与自己的社会形象相得益彰，那么设计师就要多多推敲车身腰线、前引擎盖的弧度这些影响车身"气质"的部位。因此，在寻找出有价值的缺口后，就应从社会、经济、科技、美学等角度来对问题进行分析。对设计问题的分析一般包括以下工作：

（1）功能需求分析：包括主要功能和附加功能的分析。

（2）造型分析：包括对现有产品形态、色彩、材质等方面的分析。

（3）操作方面的分析：包括操作流程分析、人机工学分析、使用环境分析以及动作需求分析等。

（4）技术方面分析：包括技能分析、零部件分析、材料分析、结构分析以及造型方法分析等。

（5）市场分析：包括竞争产品分析、销售产品分析、销售对象分析以及用户意见调查分析等。

（6）法规分析：包括对专利法、版权法、商标法、反不正当竞争法、广告法、技术合同法、工程建设法、建筑法等法律法规的分析。

2）解决问题的策略

对于设计问题的分析，可以采用多种工具和手段，把设计师创造的思路引向特定方向，以帮助他们进行设计构思。下面是一些相关的策略：

（1）类比法：是由美国创造学家威廉·J.戈登（W.J.Gordon）提出的。戈登认为，那些具有创造才能的人在创造活动中取得成功的很重要的因素是将一些看上去毫无联系的事物加以类比。类比法是从已知推向未知的一种创造技法。它有两个基本原则，即异质通化（运用熟悉的方法整合有的知识，提出新设想）和同质异化（运用新方法"处理"熟悉的知识，从而提出新的设想）。

在设计中，有经验的设计师会经常问自己，是否存在其他事物同样可以解决与设计相关的问题。他们也会关注解决当前设计问题是否存在一些自然或生物上的相似性。例如，德国著名设计师卢吉·克拉尼就认为，在进行飞行器设计时，应当借鉴鲨鱼和蝠鲼等"海洋居民"那种可以减少水流动阻力的流线型体型。

（2）属性分类表法：是通过抓住一个产品或一个事物的基本元素的属性，从而引导解决问题的思路。利用属性分类表来解决问题时，一般采取以下步骤：

①利用物质、能量、信息流来建立产品主要功能或功能集的黑箱子模型。

②根据黑箱子模型选择与用户及产品功能相关的分类方案。

③就其中的一个功能标题，建立功能的设计方案。

④利用矩阵列表对结果进行记录。

⑤在所给定的标题进行功能实现方案穷举后，再重复该步骤，对下一标题进行穷举。

（3）TRIZ法（创造性解决问题理论）：是由俄国人阿利赫舒列尔在20世纪40年代创建的。这种方法主要用于确定解决问题的设计原则，然后利用该设计原则来寻求问题的解决方案。TRIZ法的核心思想主要体现在三个方面。首先，无论是一个简单产品还是复杂的技术系统，其核心技术的发展都是遵循客观的规律发展演变的，即具有客观的进化规律和模式。其次，各种技术难题、冲突和矛盾的不断解决是推动这种进化过程的动力。再次，技术系统发展的理想状态是用最少的资源实现功能最大化。

TRIZ法中的设计原则是由专门研究人员对不同领域的已有创新成果进行分析、总结，得到具有普遍意义的经验，这些经验对指导各领域的创新都有重要参考价值。目前常用的设计原则有40条，实践证明，这些原则对于指导设计人员进行产品开发和发明创造具有重要的作用。当找到确定的发明原理以后，就可以根据这些发明来考虑具体的解决方案。

3. 定义设计问题的性质——设计定位

在完成对概念的分析以后，我们还要进一步明确设计的定位。对于设计定位的清晰描述，将有利于产品创新设计的开展。在设计实践中，可以从以下七个方面来考虑设计的定位：

1) 消费层次因素

消费者是行销推广的第一因素，而消费层次的不同决定了消费目标的个性不同，不同消费层次的消费者有不同的需求。按照马斯洛的需求层次论，人的需求有五个层次：第一是生理需求，第二是安全需求，第三是社会需求，第四是尊重需求，第五是自我实现需求。人的需求是由低向高发展，低级需求是物质，高级需求是精神。设计表现主题的时候，消费层次的不同个性就决定了创作的表现方式。满足人们生理需求的产品，如食物、服装类的产品，是低层次的；而珍贵的艺术收藏品、高档首饰主要满足人们精神需求的产品，是属于高层次的。

2) 文化差别因素

这里所说的文化，是指广义的社会文化，也是指民族和社会的风俗、习惯、艺术道德、宗教信仰等方面意识形态的总和。社会文化会影响人的审美观，审美在很大程度上取决于主观的理解，因此审美标准因地域、人群的不同而变化，设计应该视具体情况而定。

3) 地域差别因素

品牌定位总能通过更新，在相关合宜的途径深入顾客消费层次去。但由于地域文化、自然条件、生活习惯等因素的差别，品牌形象也应因时而异、因地而异地对品牌做出内涵的调整。例如，肯德基本是一个表达美国文化的国际著名品牌，而在中国内地本土化进程中不得不融入中华文化的元素。

4) 心理差别因素

从营销层面看，影响消费者购买的内在心理因素有五个方面的内容：一是需要，是产生认购行为的最终原因；二是认知，即消费动机，是产生认购行为的直接原因；三是观察，是消费者通过经验和练习，对产品的理性分析；四是情感，在相当的情况下，情感往往能产生关键性的影响作用；五是个性，什么样的个性决定什么样的偏好，例如，现在人人都拥有手机，但由于消费者的个性不同，每个人选择的手机就千差万别，学生一般喜欢能方便玩游戏、听音乐、外形新颖、颜色亮丽的手机；而老年人喜欢屏幕字体大而且清晰，外形庄重、大气，颜色偏深的手机。

5) 品牌定位

创造一个品牌应先从名称开始，然后是基本形象的设计和基本理念的建立。理念代表一个企业的精神的最高层面，基本形象是营造视觉层面的基本。名称是听觉形象，在某种意义上也反映了企业的修养理念。品牌形象定位的基本要求首先是简洁、美观、易记，世界著名的品牌，如奔驰、可口可乐、麦当劳等，都十分简单。其次是独创性、易于识别。品牌的形象无论在声音上、形象上、含义上都应与基本品牌相同或相近，应显示自己特别的个性。再次是通俗而且易于联想，品牌本身承担传播信息、沟通你我的任务，什么样的风格就需要什么样的联想效果，这对品牌的建立很重要。

6) 形象定位

产品形象定位包括产品的设想、构思与创意的整理、产品概念的形式、检验和市场调查等，其中，创意是整个环节最重要的一环。产品形象定位应服从于品牌的基本理念和产品的市场定位，根据不同市场需求深化主题概念，选择具有代表性的图文形象，营造独特的产品形象。

7) 服务形象定位

服务是产品功能的延伸，是整体品牌形象的补充，缺少服务观念的品牌只不过是半成品。服务本身就是产品，一个成功的品牌必须保持新鲜活力，并随消费需求的变化而更新理念，随着产品生命周期而不断更新服务内容。在创作设计过程中，更要以市场意识设立商业目标及品牌的服务理念。

应当指出的是，以上七种类型只是对可能的设计概念进行分类，至于如何在设计中贯彻、确定具体的设计定位，还需要做以下工作：

（1）对产品的特征进行定位：产品的设计定位按类型分为七种，在不同的设计项目里，这七种设计定位表现出的作用以及目标用户的关注度是不一样的。因此，在具体的设计中，对产品的特征定位不仅需要考虑用户的需求，而且要了解市场上同类厂家类似产品的情况，这样才能使设计具有针对性，并提高设计项目的成功率。

（2）建立产品的差异空间：对产品的特征进行定为后，就可以将其展开，从而形成产品的差异空间。在实际运用时，还可以根据需要进行调整，而诸如心理、技术、技能等方面的差异，还可加以细分，如它们的安全性、可靠性、成本等。

（3）形成产品概念：通过前两步对产品的特征、产品的差异性空间的分析，就可以较为清晰地发展设计中产品应处在何种位置才是有力的。由此，就可以形成产品开发的概念。产品概念是对产品的工作原理、技术和形式的近似描述。一个好的产品概念可以使设计团队能够确信所设计的产品可以满足用户的需求并具有较好的市场前景，这也将大大降低设计团队在设计后期遇到一个更为优秀的观念而出现举棋不定的局面。

4.3 产品设计的程序和方法

下面以锥形储水器Watercone（简称"水锥"）的创意设计为例，来介绍产品开发设计的程序和方法（图4.4~图4.6）。

该设计曾获得IDEA·IF、Good Design等多项国际设计大奖。与产品改良设计由"产品问题"驱动的程序，即围绕特定产品缺陷或用户对产品新需求相比，产品创新设计程序的驱动力不具有特定的形式。因此，从设计问题求解的角度，设计师将面对一个非常大、非常复杂的问题空间和解决空间，并且由此也决定了由问题空间到解决空间（创意空间）路线（程序）的曲折性和复杂性。

水锥是一个可以将盐分从咸水里分离出来而产生淡水的巧妙装置，构造简单，所需驱动力仅仅是阳光。水锥创意来源于设计师斯蒂芬·奥古斯丁（Stephan Augustin）对于饮用水资

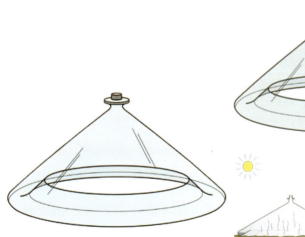

图4.4　锥形储水器罩子

图4.5　锥形储水器整体

图4.6　锥形储水器的使用情景

源的关注,"由于生态、经济、地理以及政治原因,全世界有40%的人(2.5亿)无法得到清洁的饮用水"。世界儿童基金会也指出:"每天有5000名儿童因饮用不安全的水腹泻导致死亡。"

斯蒂芬·奥古斯丁是BMW AG的设计师,在做了几次环球旅行,了解到目前世界水资源的总体状况之后,他特意考察目前世界水资源以及匮乏的地区,发现水资源匮乏的地区大都属经济不发达地区,如南太平洋、撒哈拉沙漠以南的非洲、中东等地。这些地区清洁的淡水资源不足,一般的海水脱盐方法复杂且需要不断的技术维护和支持,很难推广普及,但这些地区往往阳光充沛。由此,解决这些地区饮水困难的真正问题在于,如何设计一种生产成本低廉并且简单、高效的太阳能海水脱盐装置。因此,可以将这个概念分解为解决以下几个方面的问题:

(1) 生产成本要低,不发达地区也能够消费得起;
(2) 使用简单,能够适应不同的恶劣环境;
(3) 以自然能源为基础,如太阳能。

1. 方案创意

方案创意是一个由发散到收拢,然后再进一步深化的过程。在这个过程中,由创新设计的性质所决定,其创新度要比改良设计高得多,所以在方案创意阶段设计师应该勇于原创、勇于摆脱固有思维模式的羁绊,去探索全新的解决方案。

在方案创意阶段,构思草图是除了记忆之外,大脑"存储思维片段"的一个重要形式。构思草图一般使用铅笔、钢笔、圆珠笔、马克笔等简单的绘图工具来进行绘制。尽管在以计算机为主导的信息时代里,电脑草图、电脑效果图以及摄影、视频技术等丰富了方案构思的表现手段,但草图作为设计师的工具语言,仍然是不可或缺的。这是因为,对方案的构思不能全凭思考来实现,更重要的是把思考的结果记录下来,并与他人进行交流和探讨。美国著名建筑设计师保罗·拉索就认为:"视觉图像对有独创性的设计师的工作而言是个关键问题。他(设计师)必须依靠丰富的记忆来激发创作灵感,而丰富的记忆则依靠训练有素的灵敏视觉来获得。"构思草图正是担负着搜集资料和整理构思的任务,这些草图对拓展设计师的思路和积累设计经验都有着不可低估的作用。

除了构思草图外,草模也是设计中必不可少的媒介工具。草模是对方案进行快速修改和调整的前提之一,设计师可以运用草模迅速把构思转化为实际的三维存在物,从而以三维形体的实物来表达设计构思,并为与工程技术人员进行交流、研讨、评估以及进一步调整、改进及完善设计方案、检验设计方案的合理性提供有效的实物参照。

另外,设计师在这一阶段应该按照设计定位的要求,开始解决在设计初期就必须考虑的问题,这些问题包括:确定产品的整体功能布局,框架结构和使用方式;初步考虑产品造型在美学与人机工程学方面的可行性;推敲材料的特性、成本和产品的生产方式。

2. 设计评估

在产品开发过程中,产品设计是基于团队决策的基础上的,如果不能在众多方案中筛选出符合设计目标的方案,那么就可能造成设计开发活动的无目的性和不确定性,从而导致大量时间和财力的浪费。因此,我们应当高度重视对设计概念的评估,并在评估时建立起一套科学、有效的设计评估机制来指导设计评估活动的进行。

1) 设计评估的标准

设计评估的目的是对设计方案中不明确的方面加以确定或者对待选方案是否达到最初的设计构想进行评价。要实现设计评估这一目的,就需要先建立起评估的标准。一般而言,设计评估标准的确定应考虑以下四个方面:

（1）技术方面：如技术上的可行性与先进性、工作性能指标、可靠性、安全性、宜人性、维护性以及实用性等。

（2）经济方面：如成本、利润、投资、投资回报期、竞争潜力、市场前景等。

（3）社会方面：如社会效益、对技术进步与生产力发展的推动、环保型资源的利用、对人们的生活方式与身心健康的影响等。

（4）审美方面：如造型、风格、形态、色彩、时代性、创造性、传达性、审美价值、心理效应等。

在设计实践中，往往会遇到这样的问题：参与产品开发的每一个成员对标准所包含的内涵可能会有不同的理解。因此，在标准设定开始时，就要在深入研讨的基础上形成关于标准的定义。要确定标准的准确定义，就要对评估标准包含的所有方面进行详细阐述和细化。例如，对于审美方面的产品色彩的定义就应当进行如下细化：色彩与功能和使用条件相吻合；色彩对比适度、协调；质地均匀、优良；色感视觉稳定，色彩区域形态的划分相一致。

2）设计评估的方法

目前，国内外已提出近30种设计评估的方法，概括起来可以分为以下三大类：

（1）经验性评价方法：当方案不多、问题不在复杂时，可根据评估者的经验，采用简单的评价方法对方案作定性的粗略分析和评价。例如淘汰法，是经过分析直接去除不能达到主要目标要求的方案或不相容的方案；又如排队法，是将方案两两对比加以评价，择优而用。

（2）数学分析类评价方法：运用数学工具进行分析、推导和计算，得到定量的评价参数的评价方法。常用的数字分析类评价方法有名次记分法、评分法、技术经济法及模糊评价法等。

（3）实验评价法：对于一些较为重要的方案环节，当采用分析计算仍没有把握时，有时就通过实验（模拟实验或样机试验）对方案进行评价，这种通过试验评价法所得到的评价参数准确，但代价也较高。

下面就常用的五种设计评估方法做详细介绍：

①排队法：该方法的基本思路是当出现众多方案而无法简单判断其中最佳方案时，将方案进行两两比较，其中较好方案打1分，较差的方案打0分。将总分求出后，总分最高者即为最佳方案，如图4.7所示，方案B为最佳。

②点评价法：该方法的特点是对各比较方法按方案所确定的评估标准进行逐一评估，并用符号"+"（即达到评估标准）、"-"（即未达到评价标准）、"?"（即条件不充分，需加以完整）、"!"（即重新检查设计）表示出来，根据评估的结果做出正确的选择。

③排序法：就是将每一个经过清晰定义的评估标准根据设计的侧重点不同而进行排序。我们可以采取坐标方式对设计方案的众多设计标准的重要性进行分析和评估。设定评定标准

方案 \ 方案	A	B	C	总分
A		0	1	1
B	1		1	2
C	0	0		0

图4.7

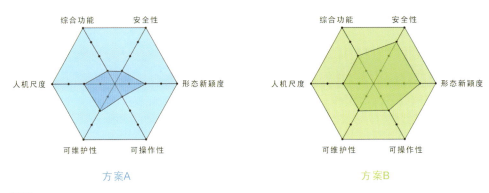

图4.8

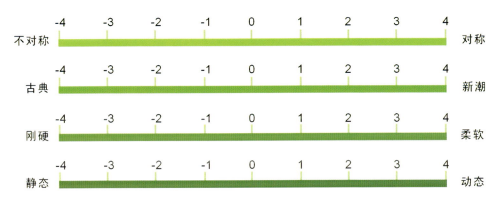

图4.9

中的每一项满分为5分,各项围成的面积越大则该方案的综合评定指数越高,如图4.8所示,方案B的总体评价比方案A高。

④语意区分评价法:是以特定的项目在一定的评价尺度内的重要性作为评价依据的主观判断方法。首先在概念上或意念上进行选择,进而明确评定的方向。一般,将概念或意念用可判断的方式进行表达,如以语言文字进行说明,或用图片直接表达。其次是选定适当的评价尺度。最后拟定一系列对比较强烈的形容词供评判时参考。具体方法可以是将评价的问题列为意见调查表,并拟定若干个表明态度的问题,评估者对各问题的回答分为"很同意"、"同意"、"不表态"、"不同意"、"很不同意"五种。

计分的方法:越趋向正面意义的分数,其分值越高;反之,分值越低。分析时,以"累积和"分值的高低作为计算标准。

从一般语意区分评价表(图4.9)可以看出,通过语意上的差别来评价产品造型质量,使所选的方案接近原产品计划的目标和市场性,这是语意区分评价法所发挥的重要作用。

⑤设问法:就是采用提问的方法来对方案进行评估。对方案的提问可以参照如下五个方面进行:

a. 用户界面的质量:

产品的特征是否将其操作方法有效地传达给用户?

产品的使用是否直观?

所有的特征是否都安全?

是否已经确认了所有的潜在用户和产品的使用方法?

与具体产品相关的问题举例:把手舒适吗?旋钮能否容易而顺畅地旋转?电源开关容易

找到吗？显示的内容是否容易读懂？

b. 情感吸引力：

产品是否具有吸引力，它是否令人向往和打算拥有？

产品是否表达出产品应具有的品质感？

用户第一眼看到它时，能产生何种印象？

产品是否能激起拥有者的自豪感？

与具体产品相关的问题举例：家用空调器是否与家庭的氛围相匹配？汽车门关闭时的声音如何？该手动工具是否感觉坚固耐用？

c. 维护和修理产品的能力：

产品的维护是否简便易行，是否一目了然？

产品的特征是否把拆卸和安装步骤有效地传达给用户？

与具体产品有关的问题举例：更换该产品（手机、MP3播放器……）的电池是否困难？拆卸和更换打印机的墨盒是否困难？

d. 资源的合理使用：

在满足客户需求时，资源的使用情况如何？

材料选择是否合适（从成本和质量的角度分析）？

产品是否存在"过度设计"或"设计不足"的问题？

产品设计中是否考虑了环境、生态因素？

e. 产品形象：

在商场中，顾客是否可以根据外观将它选出？

看过该产品广告的顾客是否能记住它？

产品是否强化了企业形象或与企业形象相吻合？

3. 详细设计

方案获得认可后，就可以进入详细设计阶段。由于在详细设计阶段，对产品细节的设计决策对产品质量和成本有着实质性的影响，因此该阶段又被称为面向制造的设计（desige for manufacturing）。详细设计要用到各种类型的信息，包括草图、详图、产品指标以及各种备选设计，对生产和装配过程的详细理解，对制造成本、生产量及生产启动时间的预测。因此，详细设计阶段是产品开发中涉及最广泛的综合活动之一，需要设计师与工程师、会计、生产人员密切合作来完成产品的设计。

在该阶段，产品的基本形态已经确定，现在面临的任务是对产品的细节进行推敲和完善，以及对产品的基本结构和主要技术参数进行确定，并根据已定案的造型进行工艺上的设计和原型制作。详细设计阶段对于产品设计师而言，主要有以下两个方面的工作需要完成：

1) 设计制图

设计制图最终确定后，就进入了设计制图阶段。设计制图包括外形尺寸图、零部件结构尺寸图、产品装配尺寸图以及材料加工工艺要求等。设计制图为后续工程结构设计提供了依据，也是对产品外观造型进行控制，所有后续设计都必须以此为基准，因此这些图纸的绘制必须严格遵照国家有关标准进行。

2) 模型（原型机）制作

检验设计成功与否，一般情况下利用模型就可以实现。但是为了更好地研究技术实现上的可行性，制作一台能充分体现造型和结构能实现产品全部功能的原型机不失为一个最好的选择。原型机可以将产品的真实面貌充分显现出来，并可以将在绘制草图和制作草模阶段所不曾发现的问题暴露出来。因此，制作模型及样机本身就是详细设计的一个环节，是对设计方案进行深入研究的一个重要方法。通过模型的制作，一方面可以对设计图纸进行检验和修正，另一方面也为最后的设计方案定型提供了依据，同时为后续模具设计的跟进提供了参考。

4. 产品测试

方案细化后制作样机，并对样机进行人机工程学、使用寿命、市场反应、功能实现和维修等测试，针对测试中暴露出来的问题对方案做进一步改进，使产品在投入生产后的风险减至最低。

产品测试通常以如下三种形式依次进行：

(1) 第一种形式是将设计方案同最初设计目标进行比较。对产品的测试应当由营销部门或一个单独的新产品管理小组来完成。这一技术工作需要得出产品原型与设计目标之间的差别，然后再与设计人员进行协商，如果产品原型同设计目标的差别可以被接受，就要对产品原型进行第二种测试，即重复进行早期的概念测试。

(2) 第二种形式是产品原型概念测试。通过该测试来获得必要的数据，以决定是否对现有的设计概念进行调整。这是因为，随着设计开发时间的推移、设计人员的变更以及市场趋势的变化，已有的产品原型可能与设计目标不一致。在这一步工作中，设计人员的主要任务是去探寻消费者以及用户对产品原型的各种反应，而访谈是普遍采用的方式。产品原型通过概念测试就可以进一步更为深入的技术开发工作，从而使产品测试工作进入产品使用测试阶段。

(3) 第三种形式是产品使用测试。产品使用测试的目的可以归结为五个方面：

①履行设计目标。

②获得对产品改进的设想。一直到产品投入市场的最后一刻都有可能得到完善产品性能或者降低成本的方法，产品使用测试可为其提出许多建议。

③了解消费者使用产品的方法。

④核对设计要求。设计人员要解决出现的各种问题，并在测试阶段对各种设计要求进行核对。

⑤揭示产品弱点。在不了解产品弱点的情况下，不能进行产品营销活动，而产品使用测试正是揭示这些弱点的，这就要求设计人员具有创造性和理想思维能力。

对产品原型进行全面测试后，就要结合测试中发现的问题进行修改，如功能、操作方式的改进，模具结合的合理性、经济性、安装方式、安装流程、安全性等。在上述修改工作完成后，就可以将产品的准确数据移交给制造部门，进行模具加工或小批量试产。

本例中锥形储水器的设计阶段就是一个多次迭代、多次反复的过程。设计是充分利用发散—收敛式思维，寻求解决问题的最优解，并为此不断地进行设计创意、评价和实验。

为了能够更加有效地获得可行性设计创意，奥古斯丁认为，设计创意的提出必须遵守产品的价格成本足够低廉，并能够在众多集水产品中取得成功能原则。起初，奥古斯丁想到了沙漠生活中人们常用的蒸馏水方法，即在向阳的位置挖一个宽1米、深0.5米的土坑，在坑地放一个用于储水的器皿，为增加水分，在坑内铺上新鲜的植物，用透明塑料薄膜盖在坑面上，并在器皿正上方压上重物，使薄膜成倒锥形。一段时间后，土壤和植物里的水分就会因温差蒸发出来凝结到薄膜上，在形成水滴，顺着斜面流入器皿。

根据这个传统方法，他设计出第一代产品，试图用一个方框内的倒角锥装置来进行蒸馏和凝结。为了对这个创意的可行性进行试验，他在真实环境中对该装置进行试验，经过反复的沙漠测试，揭示了该装置存在的主要问题：该装置的确可以凝结水，但1/3的水凝结在方形外壁上又流回了沙地；轻型的塑料容器不够防风，很难固定。

虽然第一个创意的装置及测试没有获得成功，但却为进一步开展设计取得了重要信息，此后，奥古斯丁继续寻找解决问题的设计创意。2001年2月，奥古斯丁由容器的形状方面想到了一个具有突破性的创意，他将容器的造型改为锥形，并在顶部装一个螺帽流口，底部配一个向内倾斜的环形集水槽底座，锥体由两片材料胶合在一起。然后，他亲手制作了一个简单的木制模型来测试这一创意。尽管这个创意很令人兴奋，解决了上一个创意中水滴外流及稳定性差等问题，但是相互连接的两片材料容易裂开，边缘常易沾上泥土。因此，这个创意仍然需要进一步的改进。

为了解决两片材料容易开裂的问题，同时要保证不增加产品生产的成本，奥古斯丁考虑了各种吹模成型的方法，但因为生产过程一些几何和物理学的原因，始终不能够将设计创意付诸实践。最后，在综合考虑材料、造型、成型工艺等多方面的因素并继续经历了100多次试验之后，他终于找到了实现锥体成型的方法，即采用一个真空的锥形工具，用一片材料来生产出锥形。奥古斯丁掌握了水锥成型时所需要的正确的温度和空气流速，并使用真空工具模型生产出第一个水锥。该水锥是由透明热成型聚碳酸酯制成的圆锥形自承重稳定装置，顶部装有一个螺帽流口，还有一个向内倾斜的环形集水槽底座。

水锥可以将盐分从咸水里分离出来而产生淡水，而需要的唯一动力就是阳光。这个装置的构造简单，相对于其他复杂的脱盐设备，其售价低廉、容易维护。水锥使用很简单，往配套的黑色平底盘内倒上3~5升咸水，将水锥罩在底盘上方，在阳光下黑色底盘吸收热量蒸发水分，水蒸气凝却在锥形罩上，并顺着罩子流下聚集在锥形罩底部的槽中。收集满后，快速地倒转锥形罩，拧开顶部的盖子，就可以收集蒸馏出的淡水了。

除了与黑色底盘配套使用，水锥也可以单独使用，将其放在一块沼泽湿地或者潮湿的土地上，也能够收集干净的淡水。

水锥经过使用和环境测试，被证明非常有效，每个水锥一天最多能够收集1.5升饮用水。同时，水锥的圆锥外形也接受了风洞测试，能够经受时速55公里的大风考验。此外，因为聚碳酸酯具有抗紫外线的功能，它有5年的使用期限，在这之后，还可以将它翻转过来做漏斗，用来收集雨水。

4.4　产品实现阶段

1. 投入生产

在该阶段，设计师与模具设计师、工程师及生产加工人员交洽方案，完善、追踪模具设计，确保方案被顺利投入生产。设计师应配合工程师做好以下工作：

（1）检查模具：应用于模具制作的资料通常都是从计算机辅助设计、生产系统转换到机床上的，这个过程中需要具有丰富实践经验的技术人员对资料进行适量加工，从而寻求出计算机控制资料加工与实现生产之间平衡点。在这一步骤中，设计师可能需要将计算机构建出的产品三维造型与现实中的模具数据加工比较和权衡，从而提供适当的调整。

（2）检查产品形状。

（3）对试生产进行评估：检查和评估试生产的结果，使生产的产品必须符合设计和工程上的要求，并以此对试生产的产品做适当的调整。

（4）检查和控制生产前的产品质量。

（5）检查采购的部件质量。

（6）检查产品色版是否符合产品设计颜色规格、产品印刷规格等。如果设计委托方订立了企业形象识别系统，那么设计方案的色彩设计就应符合企业形象识别系统中关于企业标准色的规定。设计师需要检查色彩方案中的色调、色温、明暗和纹理是否都在可接受的范围内。

2002年冬天，奥古斯丁与一家德国公司合作，该公司获得了生产和销售这一产品的授权。2003年春天，Bayer AG, Leverkusen成为该产品的主要原料makrolon聚碳酸酯的供应商和他们的合作伙伴。

总结本例，最初问题的解决指导概念细化及方案创意，进一步分析水锥的利益点，是设计师认为值得全球推广的原因。

（1）用该装置比购买瓶装水便宜：该产品能使用3~5年，量产后价格低于20欧元，发展中国家一升瓶装水的价格约在0.5美元，假设每天使用能获得1升水，只需要两个月就能收回成本，并在未来5~7年还能继续使用。

（2）低概念、低技术：相对于应用电子、管道、过滤器、光伏发电等多部件组成的太阳能蒸馏器，该装置只需数秒就能让完全没有技术背景的人掌握用法，使用的高科技聚碳酸酯材料坚固耐用、可回收、抗紫外线、能够经受颠簸的交通运输。

（3）特别适合沿海岸线生活的居民：全球至少有50个沿海岸城岸线的发展中国家，有大量的海水资源无法转化为淡水使用，一些村庄可以通过使用水锥大大改善生活的质量。

（4）适合医疗：发展中国家有数以千万计的医院，其中有不少是流动医院，大多位于阳光充沛的地方并缺乏干净的冷凝水，只需要配备一打锥形储水器，一个小的流动医院一天就能收集15升冷凝水，足以改善医疗状况。

（5）创造就业：只需要小额贷款，水商就能在非洲、中东和亚洲的村庄投资进行水锥生产，只要每天卖出15升水，不到半年就能收回投资。

2. 导入市场

开发设计的新产品导入市场后，并不意味着设计开发活动的终结。设计人员还需要同设计委托方一起建立跟踪反馈机制，从而及时获取市场上反馈回来的设计问题，并加以改进和克服。在实践过程中，跟踪和反馈的信息主要包括：试制记录、鉴定书、评价资料、产品初次流通所反映的市场信息、用户调查记录，中途改善情况的记录，等等。这些记录不仅是解决问题的依据，而且是日后对产品改进和价值分析活动的重要资源来源。另外，设计师通过对设计方案市场化后进行跟踪和反馈，还能发现市场中存在的新需求，为新的设计开发活动确定方向。

在本例中，应对产品运输和包装，设计师调整了水锥的尺寸。虽然越大的体积和表面能够蒸发出越多的水，但考虑到运输和包装的方便，使外包装箱恰好能放入欧洲标准规格的货箱中，水锥最后被设计成锥基面直径60~80cm、锥高30~50cm，8个透明椎体和8个黑色托盘为一个包装箱，而一个欧洲标准货箱恰好能容纳两个包装箱。

同时，设计师也制作了只有一页的使用指引，用形象生动的图示让使用者轻松掌握使用方法和注意事项。

2004—2005年，在德国的一家公司赞助下，水锥在欧洲、印度、泰国和非洲进行了广泛的测试，已获得成功，测试还将继续进行。为了使水锥的生产成本更低，设计师奥古斯丁也一直在寻找投资商和公司，期望发起大规模量产和推广，可以提供更多有需要的人使用。

开发一款新产品需要设计师对生活有敏锐的观察力，关注世界各地人们的不同需求，正如奥古斯丁所说："在一个产品中考虑人道主义、生态和经济问题，会带来巨大的创造潜力。因此，我希望对人性的关注将会成为下一个趋势。"

○ 思考题

1. 产品设计的定位要考虑哪些因素？
2. 产品的开发设计有什么特征？
3. 试比较产品的开发设计、产品的概念设计和产品的改良设计有什么不同。
4. 总结产品设计主要包括哪几个阶段？每一阶段要达到什么目标？

第 5 章　产品的形态设计基础

5.1　产品形态概述

产品的形态指的是产品的"外形"以及"神态","形者神之质,神者形之用",指出了形与神之间的体用关系。产品形态是产品功能、结构、操作模式等的外在呈现,它包含了设计师对社会趋势、经济环境、技术水平的综合审视,也体现着设计师对产品形体比例、色彩配比、功能与操作方式、材料与工艺以至于产品用户心理与行为的整体把握能力。

在产品设计中明确设计定位,提出了设计概念之后,最终都需要设计师以视觉化的方式将设计意图表达出来,一般会通过绘制草图的方式来探索能够实现设计概念的多种形态。此后形态的推演、形态的筛选、细节的推敲直到设计的最终审视与定稿,都离不开形态设计。

5.2　产品形态的基本要素

产品形态的基本要素属于造型基础课程的内容,在此只作简要描述,形态的基本要素可以从造型和结构两方面来分类。

从造型上,形态最基本的要素是点、线、面、体。

在几何学的定义里,点是只有位置而没有大小的。而在产品设计中,当某一个局部在视觉上比较小,具备点的特征,就可以视之为点,因此点可以有面积、大小、形状、虚实、方向和质感变化等(图5.1)。点在产品中的出现可能是因为功能需要,即产品本身在设计时候需要点的造型来实现其功能,如手机按键、发声孔、散热孔、机器旋钮等。也有的只是出于美化产品的需要,在产品设计整体设计过程之中根据形式美法则而采用点,作为产品表面的装饰。点的大小、疏密、排列都会传递出不同的信息,在设计中应该引起重视,具体可参见造型基础类教材。

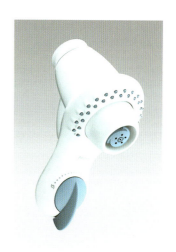

图5.1 产品中的点

图5.2 产品中的线

图5.3 产品中的直线与平面

产品中的线条不仅指的是产品的外轮廓线或者产品中面与面的交界,还可能指的是产品的一部分,由于对比而产生线的效果(图5.2)。

产品形态设计中的面大体可以分为四类:直线形、几何曲线形、自由曲线形、自然形和人造形的面。

(1)直线形的面:具有直线所表现的心理特征。如正方形,它能呈现出一种安定的秩序感,在心理上给人简洁、安定、井然有序的感觉,是男性性格的象征(图5.3)。

图5.4 产品中的自由曲线和自由曲面

图5.5 几种不同结构的产品

（2）几何曲线形的面：以严谨的数学方式构成的几何性质的面。比直线形柔软，有数理性的秩序感。特别是圆形，能表现几何曲线的特征。但由于正圆形过于完美，则有呆板和缺少变化的缺陷；而扁圆形则呈现出一种有变化的曲线形，较正圆形更具有美感，在心理上能产生一种自由整齐的感觉。

（3）自由曲线形的面：具有柔和、自然、抽象的面的形态（图5.4）。

（4）自然形的面：不同外形的物体以面的形式出现后，给人以更为生动、厚实的视觉效果。

（5）人造形的面：具有较为理性的人文特点。

从产品的结构来看，一般有壳体结构、框架结构、契合结构、拉伸收缩结构、弹力结构、气囊结构等（图5.5），在此不展开，具体参见造型基础类教材。

5.3 产品形态设计中的形式美法则

在进行产品形态设计时，必须遵循一定的原则。这里所讲述的不是产品设计的原则，而是就产品的形态设计而言，需要遵循的客观规律和法则。其中，最重要的是形式美法则。

形式美法则是所有设计学科共通的课题。在日常生活中，美是每一个人追求的精神享受。任何一件有存在价值的事物必定具备合乎逻辑的内容和形式。在现实生活中，由于人们所处经济地位、文化素质、思想习俗、生活理想、价值观念等不同，而具有不同的审美观念。然而，单从形式条件来评价某一事物或某一视觉形象时，对于美或丑的感觉在大多数人中间存在着一种基本相通的共识。这种共识是从人们长期生产、生活实践中积累的，它的依据就是客观存在的美的形式法则，称为形式美法则。

在人们的视觉经验中，高大的杉树、耸立的高楼大厦、巍峨的山峦尖峰等，它们的结构轮廓都是高耸的垂直线，垂直线在视觉形式上给人以上升、高大、威严等感受；而水平线则使人联想到地平线、一望无际的平原、风平浪静的大海等，给人以开阔、徐缓、平静等感受……这些源于生活积累的共识，使人们逐渐发现了形式美的基本法则。在西方，自古希腊时代就有一些学者与艺术家提出了美的形式法则的理论，时至今日，形式美法则已经成为现代设计的理论基础知识。在设计构图的实践上，更具有它的重要性。形式美法则主要有以下几条：

1. 和谐

宇宙万物，尽管形态千变万化，但它们都各按照一定的规律而存在，大到日月运行、星球活动，小到原子结构的组成和运动，都有各自的规律。爱因斯坦指出：宇宙本身就是和谐的。和谐的广义解释是：判断两种以上的要素，或部分与部分的相互关系时，各部分所给人们的感受和意识是一种整体协调的关系。和谐的狭义解释是：统一与对比两者之间不是乏味单调或杂乱无章。单独的一种颜色、单独的一根线条无所谓和谐，几种要素具有基本的共通性和融合性才称为和谐，比如一组协调的色块以及一些排列有序的近似图形等。和谐的组合也保持部分的差异性，但当差异性表现为强烈和显著时，和谐的格局就向对比的格局转化。

2. 对比与统一

对比又称对照，把反差很大的两个视觉要素成功地配列于一起，虽然使人有鲜明强烈的感触而仍具有统一感的现象称为对比，它能使主题更加鲜明，视觉效果更加活跃。对比关系主要通过视觉形象色调的明暗、冷暖，色彩的饱和与不饱和，色相的迥异，形状的大小、粗细、长短、曲直、高矮、凹凸、宽窄、厚薄，方向的垂直、水平、倾斜，数量的多少，排列的疏密，位置的上下、左右、高低、远近，形态的虚实、黑白、轻重、动静、隐现、软硬、干湿等多方面的对立因素来达到的。它体现了哲学上矛盾统一的世界观。对比法则广泛应用在现代设计当中，具有很大的实用效果。

3. 对称

自然界中随处可见对称的形式，如鸟类的羽翼、花木的叶子等。所以，对称的形态在视觉上有自然、安定、均匀、协调、整齐、典雅、庄重、完美的朴素美感，符合人们的视觉习惯。平面构图中的对称可分为点对称和轴对称。假定在某一图形的中央设一条直线，将图形划分为相等的两部分，如果两部分的形状完全相等，这个图形就是轴对称的图形，这条直线称为对称轴。假定针对某一图形，存在一个中心点，以此点为中心通过旋转得到相同的图形，即称为点对称。点对称又有向心的求心对称，离心的发射对称，旋转式的旋转对称，逆向组合的逆对称以及自圆心逐层扩大的"同心圆对称"，等等。在平面构图中运用对称法则要避免由于过分的绝对对称而产生单调、呆板的感觉，有的时候，在整体对称的格局中加入一些不对称的因素，反而能增加构图版面的生动性和美感，避免了单调和呆板。

4. 均衡

天平两端承受的重量由一个支点支持，当双方获得力学上的平衡状态时，称为平衡。而在设计构成上的平衡并非实际力学关系，而是根据形象的大小、轻重、色彩及其他视觉要素的分布作用于视觉判断的平衡。构成上，通常以视觉中心（视觉冲击最强的地方的中点）为支点，各构成要素以此支点保持视觉意义上的力度平衡。在实际生活中，平衡是动态的特征，如人体运动、鸟的飞翔、野兽的奔驰、风吹草动、流水激浪等都是平衡的形式，因而平衡的构成具有动态。

5. 比例

比例是部分与部分或部分与全体之间的数量关系，它是精确详密的比率概念。人们在长期的生产实践和生活活动中一直运用着比例关系，并以人体自身的尺度为中心，根据自身活动的方便总结出各种尺度标准，体现于衣食住行的器用和工具的制造中。比如，早在古希腊就已被发现的至今为止全世界公认的黄金分割比1：1.618正是人眼的高宽视域之比。恰当的比例有一种谐调的美感，成为形式美法则的重要内容。美的比例是平面构图中一切视觉单位的

图5.6 早期的甲壳虫汽车和最新的甲壳虫新车

大小以及各单位间编排组合的重要因素。

6. 重心

重心在物理学上是指物体内部各部分所受重力的合力的作用点,对一般物体求重心的常用方法是:用线悬挂物体,平衡时,重心一定在悬挂线或悬挂线的延长线上;然后握悬挂线的另一点,平衡后,重心也必定在新悬挂线或新悬挂线的延长线上,前后两线的交点即物体的重心位置。在平面构图中,任何形体的重心位置都和视觉的安定有紧密的关系。人的视觉安定与造型的形式美的关系比较复杂,人的视线接触画面,视线常常迅速由左上角到左下角,再通过中心部分至右上角经右下角,然后回到以画面最吸引视线的中心视圈停留下来,这个中心点就是视觉的重心。但画面轮廓的变化、图形的聚散、色彩或明暗的分布等,都可对视觉重心产生影响。因此,画面重心的处理是平面构图探讨的一个重要的方面。在平面广告设计中,一幅广告所要表达的主题或重要的内容信息往往不应偏离视觉重心太远。

7. 节奏与韵律

节奏本是指音乐中音响节拍轻重缓急的变化和重复。节奏这个具有时间感的用语在构成设计上是指以同一视觉要素连续重复时所产生的运动感。

韵律原指音乐(诗歌)的声韵和节奏。诗歌中音的高低、轻重、长短的组合,匀称的间歇或停顿,一定地位上相同音色的反复及句末、行末利用同韵同调的音相加以加强诗歌的音乐性和节奏感,就是韵律的运用。平面构成中单纯的单元组合重复易于单调,有规则变化的形象或色群间以数比、等比处理排列,可使之产生音乐、诗歌的旋律感,称为韵律。

8. 联想与意境

平面构图的画面通过视觉传达而产生联想,达到某种意境。联想是思维的延伸,它由一种事物延伸到另外一种事物上。例如图形的色彩:红色使人感到温暖、热情、喜庆;绿色则使人联想到大自然、生命、春天,从而使人产生平静感、生机感、春意,等等。各种视觉形象及其要素都会产生不同的联想与意境,由此而产生的图形的象征意义作为一种视觉语义的表达方法被广泛地运用在平面设计构图中。

以上这些形式美法则是人们千百年来在创造美的活动中逐渐总结出来的,因而具有很强的稳定性和生命力,也就是我们常说的客观性的一面。但是随着科技文化的发展,人们对美的形式法则的认识将不断发展、深化。因此形式美法则也不是僵死的教条,要灵活体会,灵活运用。

就产品形态设计而言,遵循形式美法则可以让设计师的思维清晰有序,更高效地完成设计任务。除此之外,还需遵循产品设计的一些基本原则,比如形态要易于制造加工,要考虑产品的经济性,要延续企业的品牌特征(图5.6),新版的甲壳虫汽车与早期的甲壳虫汽车在形态上有明显的关联,等等,但由于这些不单是针对形态而言,在此不赘述。

5.4 产品形态设计方法

在设计产品形态时,设计师各自有自己的习惯和套路,不同的产品的设计流程也不完全一样。

有时,产品设计师从几何形态的组合与分割开始推演形态,这在大多数现代主义影响下的产品上留有明显的痕迹。

有时,设计师从材料开始设计,如包豪斯和北欧诸多理性、简约的家具设计,都是由设计师长期在作坊研究材料的特性和工艺的特点,最恰如其分地发挥材料和工艺的优势设计出来的。

有时,设计师会从概念开始讲述设计的故事,比如图5.7中的两把椅子,是一位很有灵性的女设计师设计的,一个是根据冬天擦鼻涕的卫生纸的形态衍生出来的,另一个则是像蜘蛛网一样给使用者提供一个可以蜷缩的小空间。

也有的设计师会通过借鉴其他漂亮的产品或通过对某种流行元素进行分解与重构来展开设计。

面对不同类别的产品设计,经验丰富的设计师通常知道如何正确地找到设计的切入点。经验与直觉在产品形态设计过程中占有重要的地位,但如果一味地强调经验、直觉,那么设计的主观性会大大增加,设计效率难以保证。而只有设计思维清晰有序,设计才能顺利地展开,感性思维的展开以理性的思维来引导,才不至于陷入思维的囹圄。

在产品形态设计过程中,缺乏经验的设计新手面对新项目往往无从下手,这时不妨参考以下思路和流程:首先根据客户的需求和设计的具体情况(项目到底是式样改良设计、形式设计,还是概念设计),选择合适的起点开始自己的设计,然后依照以下的各种设计方法进行设计,并通过形式周期表来展开、评价和筛选设计方案。

无论是依照哪一种形态设计方法,从基本形态的缘起到细节的深入推敲,都不能脱离大众审美观念、材料技术、产品功能、经济等众多因素影响和限制。

5.4.1 形态初步设计方法一:二维视图演绎三维形体

好的产品形态应该在最广泛的视角下符合形式美的法则,而不能只在某几个特定角度具有美感。

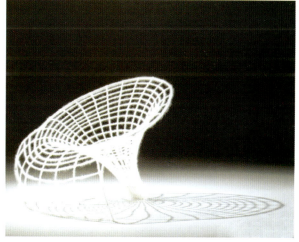

图5.7 椅子设计

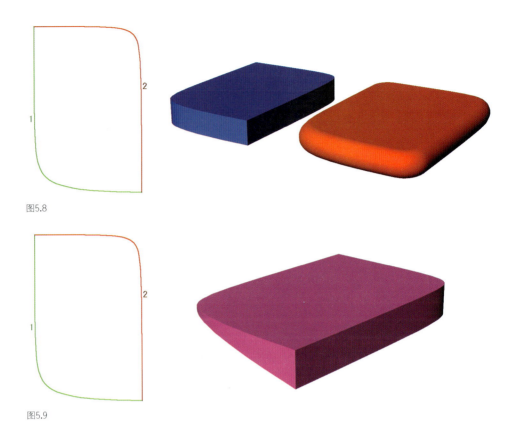

图5.8

图5.9

  一般而言，在产品设计中，会通过六视图来定义完整的产品形态，如果一个产品的六个视图都符合形式美法则，那么产品形态一定能够在最大的视域呈现美感。

  根据制图学的知识，一个视图不可能确定一个形态，如圆球、半球、圆锥以及圆柱的投影可以是一样的。换一个角度来思考，从二维视图到三维实体的设计演绎过程中，有着无限的可能性。

  这里首先分析平面视图外轮廓线与三维形态的关系。在平面视图的外轮廓线中，线可能是面的投影，可能是线的投影，也有的是线与面的混合投影。在从二维视图推演三维形态的过程中，不妨先对主要线条进行命名，分析它们的各种典型组合。下面来看几个例子。

  例1：在图5.8中，先将两条轮廓线命名，蓝色形态为线条挤出形态，最容易理解，也为常见，其中线条1、2均为面的投影；而在右边的红色形态中，1、2均为线的投影，这是平面视图的外轮廓线的两种基本形态。

  图5.9中，1、2均为面的投影，与前面不同的是，它在另一个视图中添加了斜的梯形来约束最后的三维形态。

  在图5.10的绿色形态中，线条1为线的投影，2为面的投影；蓝色形态中，线条1为面的投影，2为上下两条线的投影。

  在图5.11所示的形态中，线条1是面的投影，线条2在一端是线的投影，但在另一端则趋向于是面的投影。

  图5.12展示的是一个实际产品的具体形态。

  例2：一个视图可以给人无限的想象空间，图5.13中1、2都是面的投影。

  如果1是线的投影，2是面的投影，而且其中存在圆弧面转折，就会出现图5.14中的造型。

  例3：如图5.15所示，对1、2线条的理解不同，就会产生不同的立体造型。

  例4：从图5.16中展示的多个造型可以看出，从二维视图轮廓线演绎三维形态的方法是基

第 5 章 产品的形态设计基础

图5.10

图5.11

图5.12

图5.13

图5.14

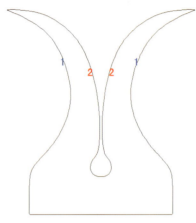

图5.15

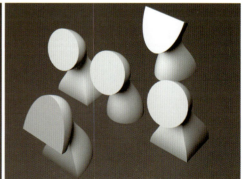

图5.16

于投影原理逆向思维得来的。同样的平面视图上的点和线，通过逆向思考它们在三维的形态，可以得出不同的结果。当多条线或点对应的三维形态发生变化时候，产品的形态可能出现多种不同的组合。

从二维线条演绎三维形体是一种比较基础，也比较易于掌握的形态设计方法。除了易学性，这个方法还有很多优点，比如平面视图相比三维视图更容易依照形式美法则来推敲，而且六个视图都可以反复推敲，能保证形体在最大范围内的美感。

5.4.2 形态初步设计方法二：几何形排列、组合、分割

在利用几何形体作为元素进行设计的时候，首先要弄清楚多个几何形体之间可以有排列、组合以及分割等运算方式。然后必须分清主体形、次要形和辅助形，弄清它们的关系。

在进行形态排列、组合和分割时，常常需要遵循一定的数理比例规律。

对于数理比例规律的应用起源于古希腊，古希腊人认为宇宙的内在逻辑是数字比例关系的。公元1世纪初的建筑师维特鲁威认为人体的比例是完美和谐的，他计算了人体各部分的比例后提出优美的人体以肚脐为中心展开应当符合正圆和正方形。他认为人体的和谐比例应当应用到神庙的设计中去。在文艺复兴时期，列奥纳多·达·芬奇以维特鲁威的学说为蓝本绘制了人体图学，阐释维特鲁威的理论并研究如何把人体比例应用到建筑设计中（图5.17）。

在几何学中，正四边形的对角线与边长之比为$\sqrt{2}$，正五边形对角线与边长之比为黄金比例$1:\Phi$，正六边形对角线与边长之比为$\sqrt{3}$（图5.18）。

在自然界中，$\sqrt{2}$和$\sqrt{3}$的比例通常出现在动植物和矿石中，而Φ的比例经常出现在人体的比例中；Φ的值可以是1.618或0.618（0.61803399）。Φ的特性非常特殊，假如使用Φ把一段线段分成两段，那么短线段与长线段的比等于长线段与整个线段的比例。Φ的特性体现在它总是围绕着Φ循环，体现了局部与整体的完美协调：$1 \div \Phi = \Phi - 1$，$\Phi \times \Phi = \Phi + 1$。因此，$\Phi$的比例就成为人类造物设计的一个基本比例尺度。

柯布西耶根据前人的研究提出了"维特鲁威"模数系统（图5.19）和控制线理论。在《设计基本尺度II》中，柯布西耶阐述了处理比例的三种方式，富永让在《建筑构成手法》中将其作了整理，即算术构成、组成构成和图形构成。其中，算术构成——由局部的简单叠加成为整体；组成构成——由整体分割出局部，如以人体为依据的设计基本模数；图形构成——将整体

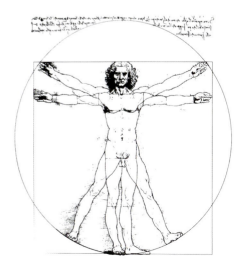
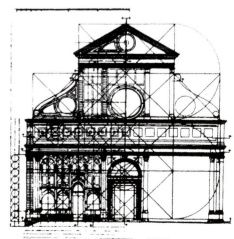

图5.17 达·芬奇绘制的维特鲁威人和阿尔伯特设计的新圣玛丽亚教堂分析图

图面作为建筑图形进行处理。柯布西耶的"维特鲁威人"模数系统基于黄金分割比例,包含了两套尺度,其中,226/140=1.62=Φ,183/113=1.62=Φ,113/70=1.61=Φ,70/43=1.62=Φ,43/27=1.6=Φ。

柯布西耶的控制线理论是指通过一定夹角的直线控制形态整体的分割,使形态各部分统一于同一比例规律下,达到局部与整体形态协调的方式。柯布西耶最常用的控制线手段是使用正交直线调整局部与整体的构成,他称控制线是"防止陷入混乱的安全阀",如图5.20所示,图中右边部分是柯布西耶的campidoglio建筑分析图。柯布西耶的比例设计理论同时也适用于产品设计,图5.21所示的是对立式钻床的控制线分析。

通过图5.20的左边部分可以看出,控制线理论利用了这样的几何原理:对角线垂直或平行的矩形必然是相似形。图中,对角线与外部矩形A0对角线平行的A1、A2两个矩形是A0的相似形并且相互平行;对角线与A0对角线垂直的A3、A4也是A0的相似形且与A0垂直。使用正交的控制线再配合黄金分割和中点等其他几何特征,能够将整个图形有机地分解为有一定比例关

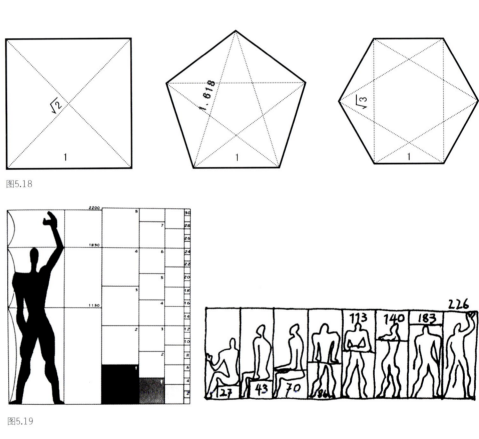

图5.18

图5.19

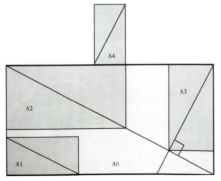

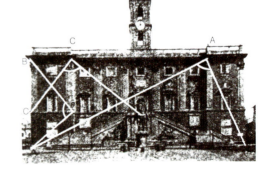

图5.20

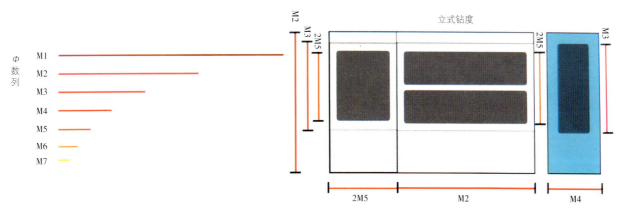

图5.21

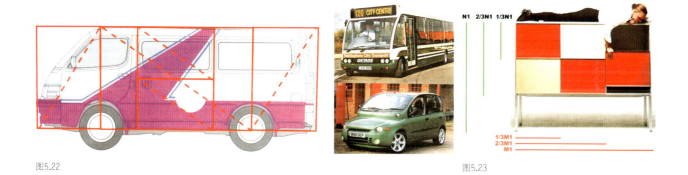

图5.22　　　　　　　　　　　　　　　　　　　图5.23

系的各个部分；由于每一个局部都与整体存在着有规律的比例关系，因此控制线产生的形态必然表现为韵律的和谐。

在产品设计中，比例构成法主要用于对产品整体与各部分形态关系的比例划分，其设计手法主要有以下五种：

1. 比例尺度法

首先为产品取一个基本的长度作为母本，一般为外轮廓尺寸或关键部位尺寸。然后以母本为基础，进行黄金分割或按其他比例分割获得一套系列的尺度，再将这些尺度应用到产品的各个局部上去，这样，在产品的整个形态上可以达到比较协调的视觉效果。这个方法实际上与"维特鲁威人"模数系统异曲同工。

2. 相似形组合法

相似形组合法是指使用控制线原理，选择一个主体矩形作为母本，其他部分由母本反复应用叠加或镶嵌而成的比例构成方法。母本一般取关键部位或外部轮廓尺寸，或由设计者决定；其他部分再根据控制线法则依次几何作图产生。由于矩形的组合采用长、短边组合的方式，因此构成的产品各部分都存在着一定的比例关系（图5.22）。

3. 相似形分割法

相似形分割法是指运用控制线原理，将图形内部的区域划分成整体的相似形，使局部与整体产生有规律的内在联系，这样做有助于产生节奏感，同时不至于使两者陷入相对孤立的状况。

在图5.23所示的家具设计中，设计师使用了外轮廓1/3的尺度对整体形态进行了九宫格式的相似形分割。

4. 综合相似形法

综合相似形法是指综合使用相似形分割法和相似形组合法两种方法进行产品形态构成设计的方法。由于实际的产品设计中经常涉及组件的穿插组合，综合相似形法可以为处理局部与整体的协调关系提供更多的设计余地（图5.24）。

5. 综合比例构成法

综合比例构成法是指综合使用各种比例构成的方法进行设计，是作品达到形态上的比例和谐的方法。由于现实情况中的产品设计项目复杂性，采用比例构成法进行形态设计时，很多情况下都是综合运用以上各种比例构成方法进行的。

采用综合比例构成法进行设计时，可以以单一尺寸或矩形为母本进行比例转换、分割和叠加，这样可以保持各部分尺寸的比例统一；也可以同时使用其他的尺寸或矩形，这样虽然削弱了统一性，但是由于存在相互的依存关系（邻边、几何特征的互用等），仍然能保证整体形态的内在和谐（图5.25）。

比例构成法则来自于一系列数的比例关系，数的构成规律反映在形态比例规律上。由于存在有规律的变化和分割，利用比例构成设计的产品形态能够造成局部造型形态与整体形态的内在联系和协调，达成整体形态丰富的变化统一。采用比例构成法设计的作品给人理性、秩序、协调统一的观感（图5.26、图5.27）。

图5.24

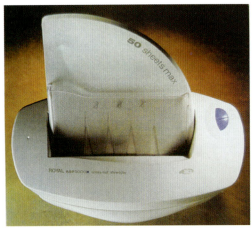
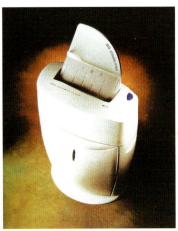
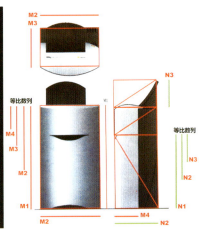

图5.25

图5.26

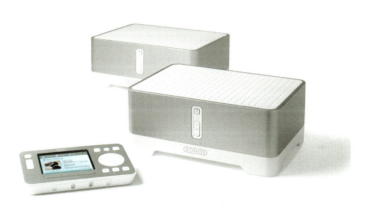

图5.27

5.4.3 形态初步设计方法三:基本形态受"力"变形

一株纤细柔弱的嫩苗可以长成枝繁叶茂的参天大树,因其具有内在的旺盛生命力;一颗棱角分明的石子,经由海浪冲刷,棱角尽去,成为光滑的鹅卵石,其形态的变化因外在的力量所致。力量是导致形态发生变化的重要原因,在产品制造过程中,形态变化也常是生产设备的施力所致。此处引进"力"的概念来阐释形态的变化,这里的"力"并非物理学上的、真实存在于制造过程中的力,而是为了有助于设计师认识曲面,在逻辑上将曲面进行分门别类才提出来的。我们假想一个标准的平面是四个边,所有自由曲面的产生都是因为平面受力而产生的。本节通过分析所"施加"的力的性质、力的方向和类别以及导致的结果,提出形体演绎的新思路——基本形受力变形。

首先需要指出力的性质、受力部位、受力结果。

力的性质包含方向、缓急、形式。力的方向可能是单一的直线方向,也可能是旋转的。缓急指的是力的速度,快速的力会导致明显的形变,而缓慢的力则不会那么明显。力的形式指的是施力工具的形态,可能是面状的力,也可能是线状的力。

受力部位包括点、线、面或者体,可以对形体中的点、线、面、体施加力,也可以对线、面、体的局部施加力。

受力结果是导致形变。形变有渐变、突变和质变。比如面受力可能导致弯曲、弯折、撕裂。其中,弯曲就是曲率发生渐变。弯折的面曲率发生突变,而撕裂则表示单一的面发生的质的变化。

根据以上三个要素,下面提出四种基本形受力变形的方法:

1. 弯曲(弯折)

当力的形式和受力部位都接近于线形的时候,如果形变是缓慢、柔和的,则导致弯曲,如果形态发生突变,则导致弯折。

图5.28和图5.29所示的凳子的受力是线性的,仿佛有一根线条在中间紧缩着。在这种情况下,假想面是软质的,这样才会出现柔和的形体变化。如果是硬质面,则会出现弯折。

2. 挤压(拖拉)

挤压与拖拉是一对反义词。力的方向一般是固定的,受力的部位可以是点、线、面、体,也可以是线、面、体的局部。挤压和拖拉的结果可能是坍塌、凹陷、凸起、皱褶等。

图5.30~图5.32中的特征曲面是采用类似的挤压变形而成。

3. 切割

当力的形式和受力部位都接近于线形的时候,如果形体发生开裂,则称为切割。切割一般

图5.28

图5.29

图5.30

图5.31

图5.32

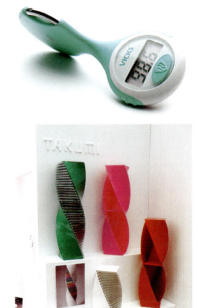

图5.33　　　　　　　　　　　　　　　　　　图5.34

图5.35

会结合弯曲、挤压或拖拉来营造曲面（图5.33）。

4. 扭曲（卷曲）

扭曲是沿着一个轴进行旋转施力导致形体变化，一般产品主体形的扭曲幅度不会太大。卷曲是将一个平直的面施加力旋转力使之变成柱形面的方法（图5.34）。

5. 融化

前面的四种作用力都是人为力，而融化则属于物体在温度超过熔点后变成流体时，在重力作用下的状态。图5.35中的台灯和桌子都模拟着这一自然现象，也属于基本形受力变形。

在上一节中，规则的基本几何形体经过合理的排列、组合或分割，可以得出简约、有序的造型。

而在本节中，经由基本形受力变形而来的产品形态因为出现了含有力度感的曲面而显得更为丰富、有趣；又因为形态是对某一基本形按一定规律施力变形而来，因此只要处理得当，就能保证较好的整体感。

5.4.4　形态初步设计方法四：形态借鉴

前面讲述的几种产品形态设计方法都来源于基于几何体，而本节讲述的形态借鉴则是对某种现象或者物的模仿和借鉴。

借鉴的来源包括自然界的动物、植物、微生物以至于宇宙万象，也可能是人造物。在借鉴形态进行设计的时候，需要注意被借鉴物与现有物之间必须存有一定的联系。

如图5.36所示，设计师根据鸟的形态设计了淋浴头。

如图5.37所示，美籍华人设计师陈秉鹏根据虎鲸设计了个性突出的钉书机。

如图5.38所示，左边是日本著名设计师森泽直人设计的遥控器，借鉴了常见的洗面奶瓶子的造型；而右边的透明桌子则是通过有机玻璃模拟桌布垂下的状态，同时代替了桌脚。

如图5.39所示，左边的塑料垃圾筒借鉴了纸的质感，右边的笔筒模仿了左轮手枪的转筒。

如图5.40所示，左边的沙发，仿佛巨人的牙刷；右边的蜡烛台则是模仿了墙上插座的形态。

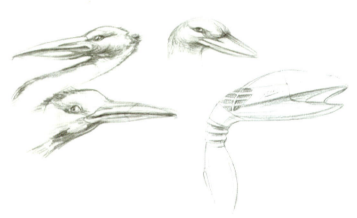

图5.36

图5.37

图5.38

5.4.5　形态深入设计与评价方法：形式周期表

众所周知，产品开发过程包含设计和工程两个领域，这两个领域分别以不同的方式做出评价。工程技术上的努力可以很容易地进行量化，权威性也就随之而来。而设计方案的筛选和评价常常依赖设计师、企业决策者或是客户的直觉。由于直觉基于某些语言无法表达的经验或情感触发，使得人们很难评估。虽然设计从业者一贯解释说，直觉是客观的，是视觉知识的浓缩，但是设计常常还是会被贴上了主观性的标签。由于设计难以评价，设计的重要性就不那么容易得到认同。因此，研究出一个替代直觉评估形态设计的方法，创造一个更加普适的、客观的评价体系统显得十分重要。

庆幸的是，美国旧金山的一家设计公司Alchemy Labs负责人和创始人Gray Holland近年提出了形式周期表的概念，这张周期表以曲面连续性C0、C1、C2为形态演绎的切入点，并指出C0、C1、C2分别预示着不同的含义。设计师在进行形态设计时，应根据需要传达的含义来选择合适的连续性进行造型设计。这张形式周期表的重要意义在于，设计师在进行形态设计时，不仅像以往一样，凭借不可言传的直觉来进行决断，而且可以通过清晰有序的思维进行引导设计的展开和评估（图5.41）。总之，以理性为骨、感性为翼，形态设计才能够更加美观、合理。

图5.39

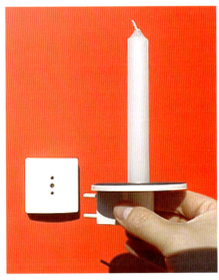

图5.40

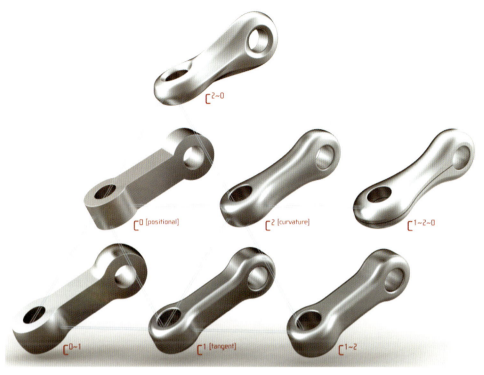

图5.41 形式周期表

〇 思考题

1. 产品形态的基本元素有哪些?
2. 论述产品形态的形式美法则。
3. 说明产品形态的主要设计方法。
4. 说明产品形态设计的重要性。
5. 阐述形式周期表的意义。

第 6 章　产品设计的表现技法

6.1　产品设计表现图的分类及常用工具

　　设计表现是工业设计中一个很重要的环节，在市场竞争十分激烈的今天，设计师不断要拿出优秀的方案，才能抓住市场机遇。因此，掌握一套良好的设计表现方法显得尤为重要。设计表现技法是设计者与客户、消费者三者之间进行良好沟通的最佳方式，而且整个产品设计过程中，从提出问题到解决问题，都要提供各种不同方案，并且还要不断对方案进行修正和评估，直到符合市场开发需求，才能终止其过程。

　　设计师进行产品创新设计和构想的过程是一个思维从散到紧，从窄到宽，从无形到有形的过程。第一，产品设计与形态空间的创造过程存在着很多不确定因素，有时是瞬间的闪现，有时是细腻的推敲，有时甚至是杂乱的，这个想象的过程也是一个从无到有、从简单到丰富的过程，具有极大的发散性、不确定性和渐进性，设计师要有及时记录和表达这种动态思维的过程，在这个动态思维的过程中，形象思维具有完善、深入、展开、联想、跳跃、关联、引发等诸多特性，在这些特性的思维中，设计师要不断地组合与排列，从而建立功能明确的和谐秩序。快速的设计表现图可以提供直观的形态视觉判断，并作为进行设计分析的依据。第二，设计师在进行设计逻辑排列时，方案的数量非常多，快速的设计表达是最有效的记录手段之一。第三，设计表现图的绘制是一个二维画面表现三维空间的结果，由于画面虚实、线型线角的处理等视觉变化因素，就为产品设计的深化留下了很多想象的尺度和形态空间，为产品设计的进一步深化完善和细节处理打下了基础。因此，设计师具备娴熟的设计表达能力是其应有的基本素质。这种快捷有效的表达是计算机所代替不了的，当今一些世界著名企业的设计师们还保留着这种最有效的表达手段。

6.1.1 产品设计表现图的分类及特点

1. 产品设计表现图的分类

产品设计表现图按画图时间的长短可以分为设计速写、设计效果图、设计三维模拟图三种。设计速写主要是用在产品设计前期的资料收集、方案构思和设计展示与讲解阶段；设计效果图主要用在设计方案的分析、功能评价、设计定位等产品设计深化阶段；产品三维模拟图主要用在产品完成阶段的宣传、展示和模型制作前的表现。它按表现工具可分为淡彩法（水彩淡彩、马克笔淡彩、色粉笔淡彩、彩色铅笔淡彩）、透明水彩画法、水粉画法、喷绘法。产品三维模拟图的表现主要通过计算机和相关的应用软件来完成。现阶段常用的软件有Photoshop、CorelDraw、3Dmax、犀牛、pro/E等软件。Photoshop、CorelDraw软件适合表现操作面板设计效果，还可以在三视图的基础上表现产品各个投影面的真实效果。3Dmax软件用于表现产品的三维立体效果和表面质感，适合用于产品宣传和决策。犀牛软件适合产品内部结构的表现。pro/E软件也是一种三维软件，建立在AutoCAD基础之上，可以直接驱动激光快速成型机，做出真实的产品样机模型。

2. 产品设计表现图的特点

1）快速

随着现代产品市场竞争的异常激烈，好的创意和发明必须借助某种途径表达出来，缩短产品开发周期。当面对客户推销设计创意时，必须相互提出建议或意见，把客户的建议或意见立刻记录下来或者以图形的形式表达出来。因此，快速的描绘技巧便会成为非常重要的手段。

2）美观

设计效果图虽不是纯艺术品，但必须具有一定的艺术魅力，以便于同行和生产部门理解其意图。优秀的设计图本身是一件好的装饰品，它融艺术与技术为一体。表现图是一种观念，是形状、色彩、质感、比例、大小、光影的综合表现。设计师为使构想实现及被接受，还须有说服力。同样的表现图在相同的条件下，具有美感者往往更具胜算。设计师若想说服各种不同意见的人，利用美观的表现图则能轻而易举达成协议。具有美感的表现图，干净、简洁有力，悦目、切题，还代表设计师的工作态度、品质与自信力。成功的设计师对作品的美感都不能疏忽。应该说，产品设计效果图并不仅仅是方案构思的表现形式，它和所有的现代实用艺术创作一样，有着自己独立的文化美学价值，不但反映着时代的精神风貌，还体现出设计师自身的修养和审美素质。

3）传真

通过色彩、质感的表现和艺术的刻画达到产品的真实效果。表现图最重要的意义在于传达正确的信息，正确地让人们了解到新产品的各种特性和在一定环境下产生的效果，便于各种人员都看得懂，并理解。然而，用来表现人眼所看的透视图却和眼睛所看到的实体有所差别。透视图是追求精密准确的，但由于透视图与人的曲线视野有所不同，往往是平面的，所以不能完全准确地表现实体的真实性。设计领域里"准确"很重要。它应具有真实性，能够客观地传达设计者的创意，忠实地表现设计的完整造型、结构、色彩、工艺精度，从视觉的感受上建立起设计者与观者之间的媒介。所以，没有正确的表达就无法正确地沟通和判断。

4）说明性

图形学家告诉我们，最简单的图形比单纯的语言文字更富有直观的说明性。设计者要表达设计意图，必须通过各种方式提示说明，如草图、透视图、表现图等，都可以达到说明的目的。尤其是色彩表现图，更可以充分地表达产品的形态、结构、色彩、质感、量感等，还能表现无形的韵律、形态性格、美感等抽象的内容，所以，表现图具有高度的说明性。设计是一项综合的创造过程，在此过程中，设计师要付出所有能力，包括丰富的想象力、熟练的形象表达能力、设计理论知识、综合设计能力与技术等。

6.1.2 产品设计表现图工具的使用

1. 基本工具及应用材料

1) 基本工具

(1) 绘图用具：绘图铅笔、针管笔、中性笔、彩色铅笔、马克笔、毛笔、喷枪、排刷、水粉画笔、水彩画笔、鸭嘴笔、勾线笔、金银黑白笔、荧光笔等。

(2) 绘图仪器：直尺、丁字尺、曲线尺、卷尺、靠尺（也可自己制作）、比例尺、三角板、万能绘图仪、圆规等。

(3) 其他工具：水桶、调色盘、色标卡、遮挡膜、裁纸刀、刻膜用的各种美工刀和刻刀等。

2) 应用材料

(1) 颜料：水彩颜料、水粉颜料、荧光颜料、透明水色（照相用）、彩色墨水、针管笔墨水、染料以及照相透明水色等。

(2) 纸张：设计用的纸张多而杂，一般，市面上的各类纸张都可以使用，但使用时应根据自己的需要而定。太薄、太软的纸张不宜使用。一般，纸张质地较结实的绘图纸，水彩、水粉画纸，白卡纸（双面卡、单面卡），铜版纸和绘图纸等均可使用。市面上有进口的马克笔纸，插画用的冷压纸及热压纸、合成纸、彩色纸板、转印纸、花样转印纸等，都是绘图的理想纸张。但是每一种纸张都需配合工具的特性而呈现不同的质感，如果选材错误，会造成不必要的困扰，降低绘画速度与表现效果。例如，平涂马克笔不能在光滑卡纸上和渗透性强的纸张上作画；又如，用来裱纸的牛皮纸，需要用稍厚点的牛皮纸，否则，纸张太薄，会缩水厉害而导致破裂。

2. 几种常用工具的介绍

1) 铅笔

铅笔是设计师较喜爱的工具，在画图时能表现粗细、深浅变化，由于铅笔线可随时擦写修改，设计师在画图时没有负担，画出来的线条更加流畅，特别是画一些流线型的产品时，往往能够准确地表现出变化丰富的外型。由于铅笔耐久性不强，一般不适合产品资料收集时用，在草图构思阶段运用效果较好。铅笔还可用于画效果图线稿的底稿。

运用铅笔画图时，落笔要果断，运笔可稍快，如果第一笔不准确，矫正手腕后画第二笔，线条画完后可以略施加明暗线来表达产品的素描关系，使产品更加有立体感。也可以根据不同需要，使用其他可擦写的笔，如碳笔、彩色铅笔等。

使用铅笔画图应注意：

①一般画草图时使用HB-2B型号的铅笔，设计构思时一般使用B~4B型号的铅笔。

②使用铅笔画图时，要保持手的整洁，注意不要污染画面。

③不要过多地使用橡皮，否则会擦伤纸面，在后面的色彩表现时会留下痕迹。

④削铅笔时，先将铅笔芯削出8~10mm，然后将铅笔芯的一边削成斜面，这样便可以绘制出不同粗细的线条来。

铅笔线条的应用与组合如下：

(1) 连续的直线条排列：多用于建筑或者以直线为主的产品的光影表现。在排列时，尽量使线条的距离一致，不要相差太大，但表现光影的渐变时，就需要通过线条的疏密变化来处理。用直线条表现形体的明暗时，用分层次的排列，会使明暗关系更生动。

(2) 连续的短线条排列：是在直线条排列上进行变化，线条短而随意，具有轻松感和速度感，多用于表现形态的明暗和光影和特殊质感，如橡胶、皮革或纤维类。

(3) 连续的自然线条排列：多用于材料肌理的表现，如木材、石材等。在排列时，要使线条在方向上一致，但线条的间距要有自然的变化。

(4) 乱线条的排列：多用于不规则的自然形体表现，如树叶、头发、风景等。所谓乱线条，是指线散而神聚，表面看杂乱无章，但能够使形态具有韵律感和统一感，并具有疏密的次序。

(5) 线条的交叉排列：多用于表现形态的明暗和光影。

2）针管笔

针管笔是绘图常用的笔，有粗细很多型号，其特点是线条均匀，我们在画速写时常用0.3mm笔和0.6mm笔。0.3mm笔画出的线条清秀、安静、较有条理，适合画一些结构较精致的产品，画图时一定要注意透视准确，行笔可稍慢，画第一根透视线时要多考虑运笔的起点和落点，画第二根线条时要和第一根线条进行比较，以此类推。由于针管笔较纤细，因此，在画图时要画得深入，将形态的结构与文字排列等尽量表现出来。在收集产品资料时，如果将0.6mm笔和0.3mm笔结合起来画，效果也会非常好，0.3mm笔画内部转折线和结构线，0.6mm笔画外轮廓线，这样粗细对比所表现的产品十分清晰。值得推荐的是，现在市场上有一种一次性绘图笔叫做中性签字笔，使用起来非常方便。

3）马克笔

马克笔一般分水性和油性两种，油性笔的色彩比较饱和鲜艳，适合绘制色彩纯度较高的产品，我们常用的马克笔为水性马克笔。

使用马克笔应注意：

①应该根据购买能力按色相一类一类地购买马克笔，比如购买绿色系，按明度关系构买3~4支不同明度的绿色笔，再购买其他色相类笔。

②使用马克笔时，要及时盖好笔帽，以延长使用时间。

③不要在粗糙的纸面上用力画图，否则可能会损伤笔头。

④在表现色彩较纯的产品时，也可选用油性马克笔。

4）色粉笔

色粉笔的主要特点是可以绘制出大面积十分平滑的过渡面和柔和的反光，特别适合绘制各种曲面以及以曲面为主的复杂形体，在质感刻画方面，色粉笔对于玻璃、高反光金属等的质感有着很强的表现力。

常见的色粉颜色是以色粉粉末压制的长方体或圆柱体小棒，一般从几十色到几百色不等，颜色上一般分为纯色系、冷色系和暖灰色系。色粉笔使用时，若配合脱脂棉或面巾纸来使用，效果会更好。

色粉笔的使用十分便捷，是现代设计师十分喜爱的工具。

5）彩色铅笔

彩色铅笔最大的优点就是很容易控制，可以表现细腻的产品亮面或反光效果，也适合表现织物、皮革等较软的材料质感。

彩色铅笔的种类有：

(1) 水溶性彩色铅笔：使用铅笔画完后，用水配合小毛笔或水彩画笔将色彩溶解开，使画面具有水彩画的湿润效果。

(2) 油性彩色铅笔：也就是我们常用的普通铅笔。

(3) 油溶性彩色铅笔：使用铅笔画完后，用油画油将色彩溶解开，使画面具有油画的厚实效果。

(4)白色高光铅笔：效果图绘制完毕后，使用白色高光铅笔画出产品的高光或反光，使产品效果更加生动。

6）美工笔

美工笔正、反两面可以画出粗细不同的线条，正面画出的线肯定、洒脱、变化无穷，反面画出的线条纤细，两面结合起来画，图面效果会更好，反面用笔画形态受光的外廓线和内结构线，正面用笔画出形态背光的轮廓线和暗部、阴影线。

注意事项：用美工笔画图，落笔要果断，运笔要稍快，画图前最好先清洗笔，保持笔内墨水的通畅。

7）水粉画笔

常用的有羊毫扁平水粉笔和圆笔两种，以有弹性和吸水蓄水量大者为好。扁平水粉笔可备四五支不同规格的，圆笔可选用大白云、小白云，细部刻画用衣纹笔或小红毛笔即可。另外，可准备二三种不同规格的板刷，用来刷大面积的底色，如2.5寸或3寸，可根据画面大小来选择。

6.2　产品设计速写的快速表达

设计速写用于设计人员自己推敲产品形象。草图的画法没有什么规定，不限比例，不规定画法，可以勾画局部，也可以画整体，甚至是画一些简单的轮廓线条，但要表现出大的态势和明显的个性特征。设计草图一般分为形象草图和概念草图两种。形象草图一般用在设计的最初方案。概念草图是在形象草图的基础上加上所设计产品的规划方向，实现生产产品所需要的要点及概念，并绘制出能使第三者充分认识这些概念所表达的意图的设计草图。

设计速写是产品资料收集、产品概念设计和构思阶段的主要表现手法，包括单线形式的速写、线面结合形式的速写、淡彩形式的速写三种形式。其表现内容包括产品的外形轮廓、产品的内部结构、产品的功能说明、产品的尺度及各部分比例关系、产品的色彩倾向等。设计速写要注意的主要问题包括产品的结构、透视关系、线条的处理、单色处理、色彩处理。

设计速写中的线条是设计表达的骨骼，运用不同的工具可以产生丰富的变化，设计师通过不懈的练习，充分掌握各种笔的特性，就可以让笔为心动，线条行云流水。设计速写中的线条可以有以下变化：粗细变化、软硬变化、快慢变化、轻重变化、虚实变化。在画图中，要注意轮廓线、产品细节结构线、转折线的虚实与对比，使产品形态的整体关系和前后关系明确，画线条时，要尽量一笔准确到位，不要出现"断线"和"碎线"。另外，不要重复用笔，使产品形态与结构松散（图6.1）。

1. 线条练习的方法

(1) 勤练习：养成随身携带笔和本的习惯，多画，多记，熟能生巧。

(2) 手动于心：经常想象一些形态，然后画出形态。

(3) 悬臂画线：不动手腕，靠移动前臂运笔，这样就可以画出任意大小的图。

(4) 反向与组合练习：一些学生习惯从左往右画线，要经常练习从右往左、从下往上的画线，这样就可以达到心手一致了。

(5) 动作技巧：一般来说，画短的线条时，应尽量运用手腕关节，手臂尽量固定不动，这样所画线条的长短、间距、粗细都能保持一致和均匀；而画较长的线条时，应以手臂肘关节点为中心来做运动，如果画面很大，所画线条很长，就可以活动整个手臂，以悬臂来完成线条的绘制。

2. 绘制草图所使用的工具

(1) 单线速写的工具：铅笔、钢笔、中性笔、针管笔。

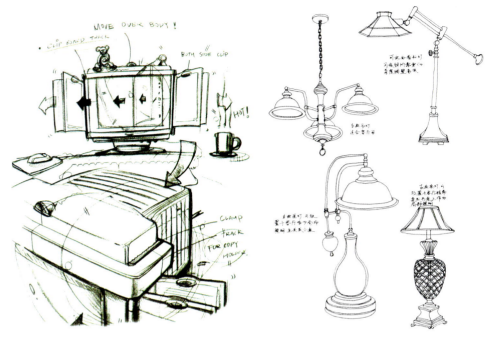

图6.1 速写中的线条　　　　　　　　　图6.2 单线形式的速写

(2) 线面结合速写的工具：钢笔、中性笔、马克笔、美工笔、水彩笔。

(3) 淡彩速写的工具：钢笔、中性笔、马克笔、彩色铅笔、水彩笔、色粉。

3. 设计速写的表现形式

1）单线形式的速写

单线形式是设计速写中运用最为普遍的一种，所使用的工具也较为简单，如铅笔、钢笔或签字笔、针管笔等，使用最多的是钢笔或签字笔。主要用线条来表现产品的基本特征，通过控制线条的粗细、疏密、曲直、浓淡来表现形体的轮廓、虚实、比例、转折以及质感。产品在单线速写的基础上，在产品局部阴影处、投影位置、暗面等位置，用美工钢笔、铅笔或灰色系马克笔等进行刻画，以加强产品的立体感、层次感，较系统地记录和表现产品的形体和色彩关系，使产品的表现更加清晰、生动。另外，还可以通过阴影的表现来覆盖错误和不准确的线条，矫正产品的透视等（图6.2）。

2）线面结合形式的速写

运用线、面结合的形式来刻画产品的方法也很常见。用线的方法与单线形式的基本一致，只是在单线表现的形式上，增加相同颜色的马克笔或水彩笔或美工笔等。一般选择产品较小面积的一面作为产品的暗面，细节较多；选择面积较大的面作为亮面来表现，要学会用不同的线型或面表现出产品结构的不同部位，比如，用较细的线表现产品的结构和亮部，用较粗的线或面表现轮廓和暗部等（图6.3）。

3）淡彩形式的速写

淡彩形式结合了以上两种方法，用不同颜色的水彩或马克笔对产品加以改过概括性的色彩表现。记录产品的固有色或色彩关系，使速写效果更加突出。通常使用马克笔或水彩笔。在单线条速写的基础上，用马克笔、彩色铅笔、色粉笔、水彩色等工具，根据产品表面的色彩，用相应的色彩概括地刻画与表达产品的明暗、体积、结构和细节。要求用笔轻松，忌讳重复上色且不必面面俱到。淡彩形式的速写使产品的表达更加真实，富有立体感（图6.4）。

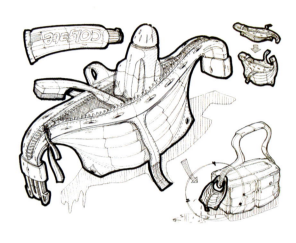

图6.3 线面结合形式的速写

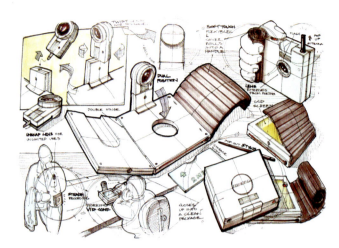

图6.4 淡彩形式的速写

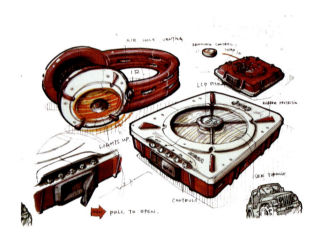

图6.5 概念草图

图6.6 产品的概念草图

4. 设计速写的功能与作用

草图扮演着很重要的角色。草图集中定位并体现产品的整体设计意图。概念草图能快速地表现设计的想法，让设计者的思维得以发散，并不断贴近设计定位，在不浪费资源的情况下达到最佳效果。产品创意设计流程是一个极为系统的工程，概念草图在整个流程中处于中心地位。如果省掉概念草图这个设计环节，就会使整个设计黯然失色。当今社会，概念草图的表现已经从过去的纸上表现，发展到现在利用计算机辅助软件，通过手写板及手写屏幕，给设计师带来了巨大的方便。随着概念草图辅助工具的不断革新，它将在产品创意设计流程发挥越来越大的作用（图6.5、图6.6）。

5. 设计草图绘制过程中应注意的事项

使用单线刻画产品结构时，应注意下笔肯定，用笔流畅，结构穿插需表达清楚。在绘画过程中，应特别注意容易犯的"断线"和"碎线"毛病。产品线条需有一定节奏与韵律感。在运用色彩表现时，要注意用色的简洁、明了，色彩搭配且不可过多、复杂。

6.3 产品设计效果图的表现

6.3.1 按照不同工具的使用方法来分类

1. 钢笔淡彩法

用钢笔快速勾画出产品的外轮廓和主要结构，可以是徒手勾画，也可以用工具绘制透视图。然后用归纳的色彩表现出产品构思的基本结构、色彩、光影与质感。这种画法常用在产品资料收集和构思阶段，适合表现一些表面质感较强、加工精度高的一些工业产品。现在常用的材料与工具有水彩淡彩、马克笔淡彩、色粉笔淡彩、彩色铅笔淡彩。以上各种材料也可以根据产品的不同质感混合运用（图6.7）。

2. 色粉笔画法

色粉笔是近年来深受设计师喜欢的一种工具，其特点是简便、快速，特别适合表现具有高光、反光的材质，如玻璃、高光漆、不锈钢，特别是处理曲面、渐变的效果。由于在表现色彩深度上不够，所以一般适合与马克笔、水彩、彩色铅笔等结合起来用，效果会更佳。另外，在色粉中略略施加一些爽身粉，会使绘制的色粉更加均匀和柔和（图6.8）。

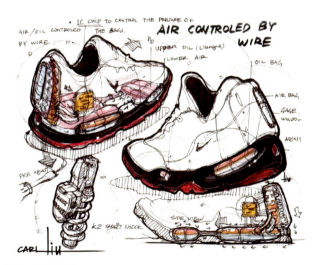
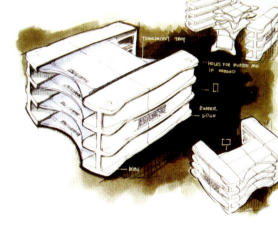

图6.7 钢笔淡彩法

图6.8 色粉笔画法

图6.9　马克笔画法

色粉笔画法的具体步骤如下：

（1）先用铅笔或绘图笔画产品轮廓草图，再拷贝到正式图纸上去，拷贝时，可以根据产品的颜色用相应的有色笔绘制。

（2）用小刀将选用色彩的色粉笔刮成粉末状备用。

（3）用棉签或棉球蘸色粉，擦拭产品暗面，注意不要用力过猛，通过掌握力量来控制色彩的渐变和过渡，通过色彩的变化来表现产品的深度，明暗交界面可以用马克笔来处理，产品的高光和反光可以用水溶性彩色铅笔勾出。

色粉表现图所用的工具有：色粉颜料、色粉画专用纸、色粉辅助粉、色粉定画喷剂、低黏度薄膜。

3. 马克笔画法

马（麦）克笔始于20世纪40年代。马克笔实际上是一种透明水彩，具有淡雅、明快的特征，适合表现一些质感较强的材料，如塑料、金属、瓷器等（图6.9）。画法上要干净、肯定、利落，注意争取一次画到位。由于其覆盖力不够，不适合反复画。马克笔的价格较贵，如果笔的品种不够多，可以和水彩颜料结合起来作画。

马克笔一般分水性和油性两种，油性笔的色彩比较饱和鲜艳，适合绘制色彩纯度较高的产品，我们常用的马克笔为水性马克笔。使用马克笔绘图时应注意：

①马克笔的色彩一般较明快、透明，因此，绘图时不要反复平涂，这样会使色彩很陈旧。

②如果要多次上色，应在第一遍色彩完全干燥后再绘，这样，色彩不会因为潮湿而渗透。

③用笔时不要太用力，这样会使笔尖受损，从而影响画精细线条的效果。

④忌讳用对比色交叉在一起画图，容易使画面显得较脏。

马克笔画法的具体步骤如下：

（1）用绘图笔（0.3～0.5）画出产品的透视图，尽可能将结构描绘得仔细些。

（2）将产品主体用遮挡膜遮盖，用透明水色或加宽马克笔画出产品背景底纹，一般可用斜纹，以增加画面的动感。

（3）用红色马克笔刻画出产品的明暗交界线，如果产品的色彩纯度较高，如大红、翠绿等色，也可选用油性马克笔来表现此处，也可以用这些颜色画出暗面，或用色粉擦出暗面和亮面，在明暗交界线处颜色稍深，根据产品的形状画出色彩虚实和渐变，和轮子暗面交界线相呼应，在箱体上画一块深色，反光。在画亮面时，要注意光影的渐变，应尽量柔和，小轮子中部用深色马克笔画出光影分界线，然后用色粉擦出质感变化。

（4）将产品的细节表现出来，如分模线、操作键、功能插孔、配合件等。在刻画细节时，既要精致，又要整体，不然会使画面杂乱。

(5) 用白色色粉笔或白色水粉色画出高光，加强产品结构转折的受光与背光面，表现出结构的体积感。

马克笔的基本技法有：渐层、平涂、点描、渲染（利用颜料的渗透性与相溶性来表现色彩深浅浓淡的渐层）、物体基本着色法（直接平涂、利用背景渐层）。

使用马克笔的注意事项：

①正确选择作画的材料。

②在练习中，培养正确使用工具的好习惯。

③防止光源混乱。

④涂色应生动。

⑤笔触要保持整体。

⑥表现前后要分清。

⑦考虑新旧笔的选择运用；运笔要快，徒手或用工具，应视表现材质的需要而定；着色尽量避免多次重复；着色不要太靠近轮廓线，以免色彩涂出轮廓外；运笔轻重控制适当，切记重压，以免损害笔头；与色粉混合运用时，应先画马克笔再涂粉彩。

4. 色粉笔、马克笔综合画法（图6.10）

色粉笔、马克笔综合画法的具体步骤如下：

（1）先用铅笔或绘图笔画出产品的轮廓草图。

（2）用小刀将选用的色粉笔刮成粉末，用棉签或棉球擦拭，画出产品的主体色，通过力量来控制渐变和明暗。

（3）用马克笔处理明暗交界面和阴影。

5. 水粉画法

水粉色比较厚实，覆盖力较强，所表现的产品较真实，适合表现一些表面吸光、较软、粗质感的材料，如布料、木材、塑料等。画法上要注意：所画次数不能太多，画第二遍颜色要厚于第一遍颜色，整体作画（图6.11）。

水粉画法的具体步骤如下：

（1）用HB铅笔或0.3绘图笔画出产品轮廓线和结构线，如果画透视不太熟练，可以先画草图，再拷贝到正式图纸上去。最好不要用橡皮擦擦拭没有画准的图线，以免伤纸，影响色彩的均匀。

（2）根据产品的固有色确定效果图底色的色相，明度一般用产品在光源下受光面的色彩，制造一些光影笔触和变化，以烘托产品的气氛，根据产品的特征与性质来艺术处理底色的变化。用色可以稍厚一些。

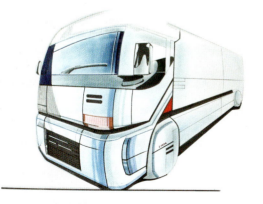

图6.10 色粉笔、马克笔综合画法

（3）画出暗面：将暗面色彩加一些黑色以及一些冷色或暖色画暗面，用色可以稍厚一些，注意色彩的透视变化，前面偏深，后面偏浅。根据产品的材质，可适当作一些笔触变化，同样要注意笔触变化的透视强弱，其变化要和背景笔画相呼应。

（4）阴影：根据产品的透视投影画出阴影，一般分两次画，第一遍用灰色画，第二遍用黑色或深灰色沿产品边缘刻画。

（5）深入刻画：进一步表现出产品的结构，画出产品的高光，用受光面的色彩加一些暗面的色彩画出亮面和暗面之间的过渡和转折面，在阴影和产品暗面之间用稍强烈的色彩画一些反光。在表现产品细部的时候，一定要注意色彩的冷暖、深浅等透视变化。

由于水粉色覆盖力较强，所以在有色纸或灰色纸上画浅颜色，特别是白色、浅灰色，产品效果会更好。

6. 水彩画法

水彩颜料是传统的画设计图的材料，一直用至今日（图6.12）。水彩颜料多数较透明。要把设计图简单而迅速完成，只需以线条为主体，再涂上水彩颜色即可，如铅笔淡彩、钢笔淡彩。水彩可加强产品的透明度，特别是用在玻璃、金属、反光面等透明物体的质感上，透明和反光的物体表面很适合用水彩表现。着色时应由浅入深，尽可能避免叠笔，要一气呵成。在涂褐色或墨绿色时，应尽量小心，不要弄污画面。

图6.11　水粉画法

图6.12　水彩画法

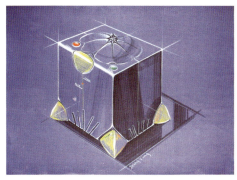 

图6.13　彩色铅笔画法

图6.14　底色画法

7. 彩色铅笔画法

彩色铅笔的特点与铅笔不同，本身在材料的使用上就有很大的不同，但是，彩色铅笔的运笔线条的排布与铅笔技法很相似。要涂得均匀，尽可能避免交叉线条，特别是垂直交叉（图6.13）。

彩色铅笔画法的一般步骤如下：

（1）根据设计，用透视技法或轴测方法描绘该产品的线框图。

（2）可用一种颜色的彩色铅笔（选该效果图的主色调的色），按光影规律，画出效果图的素描。

（3）在素描的基础上，调整每个面的固有色以及每个面的色彩变化。

（4）用黑色的彩色铅笔在明暗交界处加重影调，强调明暗交界线的光影主导地位。

（5）用白色的彩色铅笔在高光处重点提亮，起到画龙点睛的作用。

应注意如下几个问题：

①用彩色铅笔画表现图时，其透视图的轮廓线要准确。

②在用彩色铅笔画图时，用笔要轻松，线条排列自然，色彩的明暗和冷暖关系变化可以略加大。

③可加一些对比色穿插在暗部，受光面的色彩可以夸张，但不需要画得过于浓重。

④彩色铅笔不适合用反复或平涂的方法表现对象。

8. 底色画法

底色画法的主要特点是以色纸或经涂刷的底色直接表现产品的主体色调，使产品与底色一致（图6.14）。这样，由于使用大面积的底色作为画面的基调色，就容易获得协调统一的整体色彩效果，同时利用底色作为产品色，还可以简化描绘程序，提高作画效率，使画面简洁、概括，且明确而富于表现力。底色画法常适用于产品主体色单一、面积大和不同色彩的配置数量少、面积小的情况。

底色画法的具体步骤如下：

（1）用H号铅笔将产品的轮廓印刻到有色纸上，不要使用橡皮擦改。

(2) 用水粉色调好产品受光时的固有色, 依次平铺。水粉色的调制不能含水太多, 但也不能太少, 以铺色时的色彩能够覆盖底色纸而用笔较流畅为标准。在铺色时, 也可以将画面的色彩亮度从左至右或从上至下微微地变化, 以避免画面单调。

(3) 刻画产品的细节与结构。

(4) 用前面多余的基本色略加白色画出产品的受光轮廓线, 用白色勾画出产品的高光线, 注意高光线不能太多, 以避免产品花乱。

(5) 用前面多余的基本色略加黑色画出产品的背光轮廓线, 用深色或黑色在产品的底部画出产品的阴影。

9. 喷绘法

喷绘法是运用小型空压机带动喷枪, 结合水粉颜料或水彩颜料绘制作画, 在表现产品非常细腻的质感时常用此方法, 且较多应用于写实画法或背景的表现。常用的配套工具有: 小纹笔、小型空压机、喷枪、遮挡膜、遮挡片、刻刀。这种方法绘制的效果图主要用于广告、宣传和展示。

6.3.2 按照不同表现形式来分类

1. 透明水色画法 (图6.15)

透明水色 (彩色墨水) 的画法与水彩画的画法基本相同, 就是将透明水色在白色画纸上由明到暗、由浅到深、从高光向暗部画, 逐渐表现出物体的立体感、空间感、质感, 在没画脏的情况下可无限深入, 直到理想为止。因此, 这一画种对于精细表现形体具有独特的优点, 但需要对此种颜料的运用熟悉并掌握。透明水色 (彩色墨水) 颜料, 鲜艳、透明、着色力强, 在表现产品色彩关系时, 可采用多层次晕染法和多层次平涂法, 根据产品的结构立体关系, 由明到暗、由浅到深一层层地着色, 以不同层次的色彩效果来表现物体的质感和体积感, 只是对产品体积感的表达有一定难度, 可在暗部适量地加入水粉色, 来表现物体的重量感及画面的沉着感。

2. 底色浅层画法 (图6.16)

底色浅层画法是产品表现方法里面最常用的, 也是最为普遍的一种表现手法, 它的优点是较容易在较短时间里出效果。在白色底稿上用相应型号的排刷蘸上颜料, 刷出底色, 此底色一般选用产品固有色来表现, 底色在刷的过程中应体现出产品明暗的位置, 这样, 就能在接下来的产品色彩表现上省下不少工夫。在刷底色时, 下笔前应考虑周到, 落笔应干脆、利落, 不拖泥带水, 若色彩较饱和、底色完成得好, 就成功了一半。底色浅层画法可采用水粉或水彩颜料来表现, 水粉颜料可由浅入深, 也可由深入浅来表现。

3. 底色高光画法 (图6.17)

底色高光画法是在深色底子或黑色的纸面上画出产品的轮廓, 利用纸的原色表现产品的

图6.15 透明水色画法

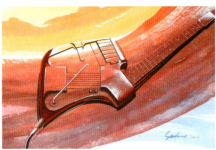

图6.16 底色浅层画法

图6.17 底色高光画法

图6.18　色纸画法

图6.19　归纳画法

图6.20　马克笔与色粉画法

图6.21　水粉画法

图6.22　写实画法

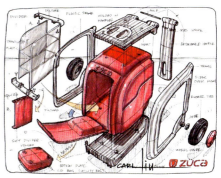
图6.23　爆炸图画法

固有色，也就是产品本身的颜色。然后用明度较高的色彩勾画出产品的轮廓、体积感、光感和质感。通过阴影和产品的轮廓线来区分开产品的固有色与底色。这种方法适合表现一些受光与反光较强、工艺精美的产品，如手表、玻璃制品、首饰、眼镜等产品。如果在深底子上画白色或浅色产品，产品的表现效果会显得较柔和。常用的工具有彩色铅笔、白色水粉颜料、彩色粉笔。常用的纸张有黑卡纸、灰色纸、硫酸纸、有色纸等。在使用底色高光画法时，忌讳过多地使用白色高光，这样容易使画面凌乱，要注意白色高光和灰色的过渡，而且在使用白色高光的同时，需考虑到所表达产品的高光，前后明度是有区别的，不可同等对待，这样才能体现出产品效果图较强的层次感。底色高光的画法也可以专门根据画面的需要制作底色。

4. 色纸画法（图6.18）

色纸画法是在有色卡纸上着色，完成画面效果的一种表现手法，较容易在短时间内出效果。用铅笔在裱好的色纸上起好稿，最好在其他纸（如拷贝纸）上起好稿，再转印（拷贝）到色纸上。采用侧面的视图，便于表现产品的全貌。有色卡纸有较多颜色可供选择，色彩的选择应根据画面整体基调或体现产品固有色。

5. 归纳画法（图6.19）

归纳画法是在明暗画法的基础上把客观物体的复杂色彩和形体进行必要的提炼和概括归纳，使画面效果更单纯、鲜明、有序。归纳画法仍然保持画面效果的立体感和空间感，且具有较强的装饰画风格。

6. 马克笔与色粉画法（图6.20）

7. 水粉画法（图6.21）

8. 写实画法（图6.22）

9. 爆炸图画法（图6.23）

6.3.3 各种不同材料的质感表现

通过分析我们发现，设计师要想准确地表现物体的质感，使用不同质地的材料会给人不同的感觉。如玻璃、钢材可以表达产品的科技气息，木材、竹材可以表达自然、古朴、人情味等。各种不同的材料，都需要用不同的表现方法来显示其质感，材料的质感是通过产品表面特征给人以视觉和触觉的感受，以及心理联想和象征意义，材料的质感和肌理的性能特征会直接影响到产品的视觉效果。这就要求设计师必须不断地总结视觉经验，熟悉各种材料，从中找出各种材料质感的特征。

1. 金属（图6.24）

金属主要包括亚光金属、电镀金属两个种类。亚光金属的调子反差弱些，有明显明暗变化，高光较亮，基本上不反射外界景物；电镀后的金属基本完全反射外界景物，反影的变化随物体的结构而产生变化，调子对比反差极强，最暗的反影和最亮的高光往往连在一起。

2. 塑料制品（图6.25）

在产品设计上最常表现的材质就是塑料，塑料分为光泽塑料和亚光塑料。光泽塑料的反光较强烈，而且产品多有色彩上的变化，着色时应尽量消除笔触，常使用渐变着色。亚光塑料调子对比弱，没有反光笔触，高光也少而灰。

3. 木材（图6.26）

木材的表现要求表现出木纹的肌理。练习时，可选用同一色系的马克笔重叠画出木纹，也可用钢笔、马克笔勾画或用"枯笔"来拉木纹线，徒手快速运笔，纹理融合较佳。不同的材质可用不同的木纹色来描绘，有时纹路可用黑笔或色笔加强。木质的表面不反光，高光较弱。

4. 皮革（图6.27）

皮革分为亚光性皮革和光泽性皮革。亚光性皮革调子对比弱，只有明暗变化，不产生高光。光泽性皮革产生的高光也是较弱的。画皮革时要注意明暗的过渡，以表现出柔软性。皮革制成的产品都没有尖锐的转角，而是有一定的厚度，有柔软感，作画时应表现出这种特点。缝制的线缝是体现皮革质感的重要组成部分，不可省略。

不同的质感肌理能给人不同的心理感受，工业设计师应当熟悉不同材料的性能特征，对物体的材质、肌理与形态、结构之间的关系进行深入的分析和研究，科学合理地加以选用，以符合产品设计的需要。

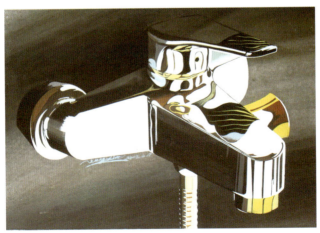

图6.24　金属

图6.25　塑料

图6.26　木材

图6.27　皮革

图6.28　玻璃

5. 玻璃（图 6.28）

玻璃主要表现其透明感，一般用高光画法，在底色上加上明暗，点上高光即可，要画得轻松、准确。玻璃反光较强，其反光形状根据不同的结构而定，也可直接用水粉画出玻璃器皿的高光和反光。色粉笔在体现玻璃反光方面也是上等的材料。

6.4　计算机辅助产品设计效果图表达

近年来，电脑辅助设计已广泛应用于设计领域，这对提高设计效率与设计水平无疑是革命性的促动，电脑辅助设计的准确性以及多方位的复制功能、易修改功能、现实模拟功能非常强大。而手绘图更富人情味、有个性、随意性强，设计者的思绪和设计灵感可以随意通过速写形式记录下来，随时可以在纸面上勾画出各种形态，便于创意思维的表达。在现今设计方案的过程中，这两种方法可以相互结合使用。在设计初级阶段、方案比较阶段，可以用手工绘图快速完成，作为设计灵感的记录和交流，当进行到设计的后期，运用电脑绘图可以进行精细描绘，两者不是对立的，而是可以互补的。设计师应当各取所长，把产品表现的目的发挥到极致（图6.29）。

图6.29　计算机辅助产品设计效果图

○ 思考题

1. 阐述设计表现的意义与作用。
2. 说明设计表现常用的工具及如何使用。
3. 熟悉并掌握设计效果图的分类及材质的表现。

第 7 章 产品设计的现状及发展趋势

近年来，国内外的产品设计发展迅猛，人们对产品精神的和物质的两方面要求不断提高，各个国家将产品设计作为推动经济发展的强大动力之一。处于数字化和信息化的时代，面对全球经济一体化，国际市场上各种产品竞争十分激烈的形势，产品设计的发展必须要适应时代的需求，产品设计的发展方向表现在以下几个方面。

7.1 产品人性化设计

7.1.1 人性化设计概念

人性是人的自然性和社会性的统一。在设计文化的范畴中，人性化设计即是以提升人的价值，尊重人的自然需要和社会需要，满足人们日益增长的物质和文化的需要为主旨的一种设计观。设计师必须牢固树立"为人民服务"的信念。

7.1.2 人性化设计的要点

（1）产品的设计必须为人类社会的文明、进步做出贡献。

（2）以整体利益为重，克服片面性，为全人类服务，为社会谋利益。

（3）设计师应是人类的公仆，要有服务于人类，献身于事业的精神，要认识到设计是提升人的生活的手段。

（4）要使设计充分发挥协调个人与社会、物质与精神、科学与美学、技术与艺术等方面关系的作用。

人性化的设计观念是一种动态设计哲学，并不是固定不变的。设计的人性化在新的技术时代也必将得到发展，被赋予新的意义。如果说，运用美学和人机工程学是工业时代人性化的设计，人文精神的体现则是数字时代产品人性化设计追求的新高度。数字科技的发展，在展示人类伟大征服力和无与伦比的聪明才智的同时，也带给人感情的孤独、疏远和失衡。因此，追求一种科技与情感的平衡成为必然。约翰奎斯比特认为：我们必须学会的技术的特质奇迹和人性的精神需要平衡起来，实现从强迫性技术向高技术和高情感相平衡转变，反映了"为人而设计"的设计本质。产品作为人生活的一部分，决不是机械时代扮演的无情、冰冷的物理功能角色，它将针对人更本质的属性，演绎人性化设计。

在数字时代，产品人性化具有以下的新趋势：多功能集成化同样的携带能力，却拥有更多的功能，自然会带给人们惊喜和方便。多功能产品或工具历来就受到人们的青睐。从集成电路到微处理器，数字产品的功能元件被压缩到越来越小的芯片上，使产品的身材更加微薄短小，却拥有更多的功能。人性化体积的微型化使产品更便于携带，这一趋势逐渐将产品演化为人们不可离身的"电子器官"。除了医学上用于补偿人体器官缺陷的电子器械，电子产品的人性化更多地将体现在扩展人体功能方面，如最常见的手机，功能越来越强大，体积却越来越小，随身携带非常方便，它的通话功能、文本功能、影像功能、音响功能等，成为人的语言、听觉、视觉、记忆、思维等能力的补充和延展。非物质化数字时代信息传播方式、速度的改变，使信息的价值得到了新的定位。以信息为载体的产品，物质形式更加淡化，但系统、程序、界面、交互活动、信息娱乐、情感氛围等非物质成分却越来越受到人们的重视。其物质成分几乎变得不可见，人们看到的多是产品的绩效。拥有和人一样聪明的机器，一直是人类的梦想，众多科幻小说和电影中聪明灵巧、善解人意的机器人正是这种梦想的寄托。如今越来越多的产品运用交互软件、触摸屏、语音识别系统、高敏传感器等技术实现与人的交流，更准确地把握用户意图，从而为之服务，模拟了人的智能，使产品人性化达到一个新的高度。通常，人与产品之间只存在操作正确与否、功能实现与否的关系，一般是冷漠的工具对人的从属。而今，人们在日常生活中太多地依赖工具，若能一改单纯的逻辑对错关系，在产品中增添情绪交流，则会让生活充满更多惊喜和欢乐。信息的准确交流，让用户的使用过程更方便、更灵活，能与人进行情感交流的产品则是对人在精神方面的关怀，是人与产品完美和谐的更好体现。社会性是人最本质的属性，体现在人与人之间的关系中。随着数字技术的发展，不仅人们的心理状态、时间观念、价值取向在悄然改变，人与人之间的关系也发生了变化。数字化带给人们一种新的生存方式，最先改变的就是人际关系。网络使相隔千里的人互通友谊，而身在咫尺的人却无暇顾及；过去，早上最先向亲人问好，而今一睁眼最关心的是虚拟世界里的友情角色。数字时代的产品人性化随着人际关系的改变而发展，一方面，产品与用户形成一种"人际关系"，如倾诉对象、监督者、教练、保健医生等，模拟了人的身份；另一方面，产品能鲜明地表现主人的性格，成为主人人际关系的延伸，如能反映家庭成员身份的个人卫生用品等。由此可见，数字产品的人性化更强调产品与人的融合，在生理、心理、社会属性等方面都得到了体现，满足了人类阶梯化上升的需求。设计的平台化人性化设计是现代设计中人们追求的最高目标，产品的平台化设计可以说是新技术时代下，实现这一目标的新思路和新方法。将人性化看做一种需求，平台化也许正是数字时代实现这种需求的方法和手段之一。人的需求没有终极目标，这正是人性本质的体现。"设计是人需求的物化过程"，如果人的需求没有终极目标，为什么产品必须有一个终极的功能或形式呢？微电子技术和宽带网络的发展把我们的生活环境数字化，数字化生存不再局限于物理形式的存在，而是越来越强调非物质的存在。所谓平台，即是为完成某项任务、提供某种功能而搭建的基础，可以是物质上的基础，也可以是系统结构、信息基础。设计的平台化改变了过去以特定方式实现特定功能的设计思路，用更开阔、更灵活的形式选择设计。产品也不再是被动的实现需求，而是主动引导需求，并以人们更乐于接受的方式实现。在产品平台化的设计中，关键是将产品视为不同的平台：

1. 设计平台

工具的设计、制造与使用过程的分离，曾经是人类生产力进步的标志，所以通常产品在被购买之前就完成了设计工作，具备了完整的功能与形式。但这种设计与使用分离的生产关系，仅适用于以物质形式作为主体的机械产品，因为对于个体使用者而言，设计、制造工具所消耗的成本远远大于使用它所创造的收益。而数字时代的许多产品，其价值的主要载体为信息、组织结构、程序、系统等非物质存在，用户根据自己的愿望对它们进行重新组织和设计将创造出全新的价值。产品作为设计平台，为用户提供物质和技术基础，具体的功能由用户根据需求进行设计。当然，设计可以由用户独自完成，也可以借助网络、多媒体等技术与设计师共同完成。而且设计过程还能在使用中调整、完善，并且能为新的需求进行多次设计。电脑依然是目前最强大的设计平台，用户可以根据不同用途、个性、喜好配置硬件，并在操作系统平台上随心所欲地搭建自己的工作、娱乐、学习环境。

2. 服务平台

作为服务平台的产品并不直接向用户提供服务，而是为经济团体提供服务创造物质条件，用户也可以通过平台对服务内容、质量、方式甚至是提供商进行选择。目前，最常见的通信服务平台手机，正是通过可移动的通信设备和统一的通信协议，为通信公司和用户构建了可选择、可扩展、可交流的服务平台。如今的通信公司向用户提供的不只是通话功能，已扩展到交友、新闻、娱乐、网络游戏、全球定位以及商务服务等。随着高速网络、虚拟现实以及智能材料等技术的飞速发展，产品服务平台的作用已扩展到许多领域，如能源供应、家庭事务管理、教育、娱乐、医疗保健，等等。

3. 信息平台

互联网改变了信息传递方式、速度，也影响了人们对信息的需求和运用。拥有更便捷、准确的信息沟通和更丰富的信息选择，是当今价值创造的首要条件，自然也成为用户对产品的要求。产品作为信息平台，为用户与产品功能程序之间、用户与信息提供者之间构建一个信息交流的物质平台。微软公司的MSNDriet数字手表就大胆地扮演了一次手腕上的信息平台，它不仅保留了传统的时间信息功能，还能够接收定制的新闻、体育比赛得分、餐馆信息、股票行情、日程表等大量的信息。设计的信息平台理念，必将因为信息交流的准确、灵活、及时而更完美地实现产品的人性化。

4. 生命平台

将产品作为生命平台，应用于两个不同的领域，一方面产品的生命平台化满足人爱的天性；另一方面则是运用于生命科学领域，只在产品设计领域探讨。对花草、动物的宠爱，最能带给人新奇感、安全感、游戏感等方面的享受，因为生命会对人类的关注、照顾做出回应，它们的生命特征，如外型、性格、健康状况、智力水平等，会因为环境和人态度的变化而展现不同的生命历程。从简单的虚拟电子宠物到SONY公司出产的具有较完整生命特征的机器狗宠物，不难看出，人类素来对有生命产品的追求。产品的生命平台化借用了有生命物质的特征，将产品视为能够伴随人的使用而成长的生命，强调使用过程中产品的生命特征的变化。这种在使用过程中潜移默化建立的情感交流和产品生命特征发展的不确定性带来的乐趣，以更有机、更自然的方式满足了人们对产品人性化的需求。

设计的平台化势必改变产品存在的形式和意义，平台化设计思想突破了形式跟随功能的主从关系，用一种更实际、更开阔、更灵活的方式来对待设计对象。在对数字产品的平台化设计中，产品的功能已经超越了传统意义上的概念，具有选择性、不确定性、非实用性等新特征，产品已不再被归于某一种单一的种类。并且数字产品功能实现的载体集成性高，物质成分逐渐变得不可见，人们基本上"只能看到果而看不到因"，更多关注到的是产品的绩效。

图7.1 日华光导挖耳勺

因此,产品的形式与功能依然保持主从关系已不太现实。产品的平台化将形式带向两个不同的方向,一方面形式越来越弱化,几乎到了不可见的程度,或者产品本身没有独立的形式"寄生"于其他产品上,比如,检测牙病的仪器集成到牙刷上,在外表上并不能识别它与普通牙刷的区别;另一方面,形式的作用被强化,作为平台的产品自身没有确定的定义,如信息平台能够进行信息的交流,这样的定义太宽泛、太模糊,而被赋予了特定形式的信息平台定义就明确了;如能够充当信息平台的产品:手机、能够通信和定制信息的游戏机、手表、别在胸前的通信徽章、挂在脖子上可以通信的项链等,它们作为信息传输的核心功能是一样的,由于形式不同,才被定义成不同的产品,满足人们特定的需求。

设计人性化是人类追求理想化、艺术化生活永无止境的目标。从平台化的角度审视设计的人性化是对数字产品设计的思路的整合,有利于我们突破固有观念的束缚,避免把人性化拘泥于人机工学和美学层面,更开阔、更灵活、更有条理、更系统地对待设计。

7.1.3 人性化设计的要素

人性化设计的要素包括动机因素、人机工程学因素、美学因素、环境因素、文化因素。

图7.1所示的这个产品就是围绕这些因素设计的人性化的小产品。"日华光导挖耳勺"顾名思义,光导挖耳勺就是会发光的挖耳勺。该产品总体感觉就是很轻巧、很漂亮、很可爱、它握手的部位是红色的,上面有个卡通小人儿,很有趣,深得儿童喜欢,而且这个部位比较大,比较扁平,跟市面上所销售的一般挖耳勺都不太一样,非常适合抓握。它有个开关按扭,轻轻一推,耳勺的头部就会发出银色的光,就跟家里的日光灯一样。光聚焦到一个点上,在帮宝宝掏耳朵时,光刚好照在宝宝的耳内,耳内的一切都可以看得清清楚楚。而用完之后,再将开关按扭轻轻一推复位,光即刻消失,就跟开灯、关灯那么方便。当电池用完,还可以换电池,就是非常常见的CR2032电池。它的头部,也就是将会伸入耳部的部分,很平滑,没有一丝粗糙,不会对宝宝娇嫩的耳部造成伤害。

7.1.4 未来产品人性化设计的几个方向

20世纪80、90年代是设计上的多元化时期，在设计风格的探索上可说是群雄并起、精彩纷呈。而其中设计的"人性化"成为颇引人注目的亮点，并逐渐形成一种不可逆转的潮流。下面介绍未来产品人性化设计的几个方向：

1. 产品趣味性和娱乐性的人性化设计

现代产品设计不仅要满足人们的基本需要，而且还要满足现代人追求轻松、幽默、愉悦的心理需求，当然所产生的经济效益也是可想而知的。英国Priestman Goode设计咨询公司设计出一种电扇，和人们的想象完全不同，因为它的扇片是由布做成的，设计灵感来自帆和风筝。和以往的风扇一样的是，它能送来阵阵微风，不同的是，再也不用担心手被夹伤，它是完全安全的。扇片可以在洗衣机里清洗，在不用的时候扇片垂下，一点也不占地方。风扇不再是冰冷的机器，变成了带给人们乐趣的玩伴。

2. 消费者精神文化需求的人性化设计

设计师应将设计触角伸向人的心灵深处，通过富有隐喻色彩和审美情调的设计，在设计中赋予更多的意义，让使用者心领神会而备感亲切。例如人们常见的手机，一代一代的手机层出不穷，为什么手机的市场那么大呢？原因是手机的样式和功能不断地在更新，人们的精神文化需求已经不仅仅停留在满足于手机的通话功能上了，美妙的声音、丰富的图像操作界面以及录音、摄像功能是人们新的精神文化追求。

3. 产品结构的人性化设计——追求更适合人体结构的造型形式

产品结构是指产品的外观造型和内部结构。产品的形态一定要符合使用者的心理和中国传统的审美情趣。美观大方的造型、独特新颖的结构有利于使用者高尚审美情趣的培养，符合当今消费者个性化的需求。例如，一个专为女性设计的"X"形的烟灰缸，十分性感，非常有个性，十分符合女性那种追求个性生活的情感。

4. 通用设计

"通用设计"（Universal Design）一词对很多设计师而言，已很熟悉。这是北卡罗来纳州立大学通用设计中心主管RonMace先生提出的重要理念，也是使设计回归以人为本的基本理论。通用设计的原则主要有：

①一件产品应适应大多数人所用；

②使用的方法及指引应简单明了，即使是缺少经验、无良好视力及身体机能有缺陷的人士也可受惠而不构成"妨碍"；

③不同能力的使用者应在没有辅助的环境下，仍可使用产品的每一部分；

④产品在非理想环境下、欠缺集中力及错误使用下，也不会构成难度及危险，该产品在使用时不易产生疲劳；

⑤信息明确无误，容忍错误；

⑥使用的尺寸和空间适当。

通用设计的核心思想是：把所有的人都看成是程度不同的能力障碍者，即人的能力是有限的，在不同的年龄阶段，人会显示出不同的能力，从完全依靠别人到独立生存，最终再回到依靠别人的时期。通用设计的产品最大限度地帮助使用者克服障碍，遥控器就是一个典型的通用设计的产品。

产品人性化设计是时代和社会进步的体现，是未来工业设计发展的必然趋势，现代设计师要从产品形式、色彩、结构、功能、名称、材料等各个设计因素去体现产品的人性化设计，使未来的产品设计更加适合消费者的心理和个性的需求。

7.2 产品交互设计

7.2.1 交互设计的定义

简单地说,交互设计是人工制品、环境和系统的行为以及传达这种行为的外形元素的设计与定义。传统的设计学科主要关注形式,现在的设计学科则关注内容和内涵,而交互设计首先旨在规划和描述事物的行为方式,然后描述传达这种行为的最有效形式。

交互设计借鉴了传统设计、可用性及工程学科的理论和技术。它是一个具有独特方法和实践的综合体,而不只是部分的叠加。它也是一门工程学科,具有不同于其他科学的工程学科的方法。

7.2.2 交互设计的主要内容

交互设计是一门特别关注以下内容的学科:
(1) 定义与产品的行为和使用密切相关的产品形式;
(2) 预测产品的使用如何影响产品与用户的关系,以及用户对产品的理解;
(3) 探索产品、人和物质、文化、历史之间的对话。

交互设计从"目标导向"的角度解决产品设计:
(1) 要形成对人们希望的产品使用方式以及人们为什么想用哪个产品等问题的见解;
(2) 尊重用户及其目标;
(3) 对于产品特征与使用属性,要有一个完全的形态,而不能太简单;
(4) 展望未来,要看到产品可能的样子,它们不必然就像当前这样。

在使用网站、软件、消费产品以及各种服务的时候(实际上是在同它们交互),使用过程中的感觉就是一种交互体验。随着网络核心技术的发展,各种新产品和交互方式越来越多,人们也越来越重视交互体验。当大型计算机刚刚研制出来的时候,可能当初的使用者本身就是该行业的专家,没有人去关注使用者的感觉;相反,一切都围绕机器的需要来组织,程序员通过打孔卡片来输入机器语言,输出结果也是机器语言,那个时候同计算机交互的重点是机器本身。当计算机系统的用户越来越由普通大众组成的时候,对交互体验的关注也越来越迫切了。因此交互设计作为一门关注交互体验的新学科,在20世纪80年代产生了,它由IDEO的创始人比尔·莫格里奇在1984年的一次会议上提出,他一开始给它命名为"软面"(Soft-Face),由于这个名字容易让人想起当时流行的玩具"椰菜娃娃"(Cabbagepatch doll),他后来把它更名为Interaction Design,即交互设计。

从用户的角度来说,交互设计是如何让产品易用、有效而让人愉悦的技术。它致力于了解目标用户和他们的期望,了解用户在同产品交互时彼此的行为,了解人本身的心理和行为特点,同时还包括了解各种有效的交互方式,并对它们进行增强和扩充。交互设计还涉及多个学科以及和多领域、多背景人员的沟通。

通过对产品的界面和行为进行交互设计,让产品和它的使用者之间建立一种有机关系,从而可以有效达到使用者的目标,这就是交互设计的目的。

7.2.3 交互设计的实践与发展

在每一天的生活中,人们都要和许多的产品进行交互,例如电脑、手机、电视,等等(图7.2)。

图7.2 交互设计的游戏视频机　　图7.3 智能水龙头

在中国，推广交互设计实践经验最多的，是名为"洛可可"的设计机构，在洛可可的实践经验中，界面包括产品外观和产品的交互行为。洛可可认为，一个出众的界面也是杰出的长期投资，它将获得：

(1) 用户更高的生产率；
(2) 更高的用户满意度；
(3) 更高的可见价值；
(4) 更低的客户支持成本；
(5) 更快、更简单的实现；
(6) 有竞争力的市场优势；
(7) 品牌的忠诚度；
(8) 更简单的用户手册和在线帮助；
(9) 更安全的产品。

图7.3所示的这款智能水龙头融合了多项高新科技，它配有面部识别技术，可以自动识别出用户的脸，从而将水温调节到该用户最常用的温度和水流强度。另外，它上面还配有触摸屏，可以在使用的同时查看电子邮件和日程安排。其内置的LED灯还可以根据温度的不同变换色彩，从而为使用者提供更加直观的感受。

7.3　产品绿色设计

人类对大自然采取了掠夺性态度，掠夺的结果是以损害自然界以达到人类的生存为目的的。今天，人类终于认识到人类的生存必须以自然界的生存为前提，人类的生存与自然界的生存是共生的关系。人类的这种意识导致了生态文化的诞生。绿色设计建立在生态文化的基础上，是工业设计的高级阶段，能真正地解决人—机（产品）—环境的协调发展。因此，研究并应用绿色设计，对于人类的可持续发展有重要的意义。生态哲学就是用生态智慧、生态观点观察事物、解释现实世界、认识和解决现实问题。生态哲学是从"反自然"走向尊重自然的哲学，从人统治自然的哲学过渡到人与自然和谐发展的哲学。在设计思想上，绿色设计需要生态哲学的指导，因为它能为设计提供新的价值观念、新的意识形式与新的思维方法，为设计指出方向。进行绿色设计，首先必须建立在生态意识与崭新的消费文化上。生态意识是生态哲学的重要组成部分。生态意识作为人类思想的先进观念，产生于20世纪后半叶，它是反映人、人类社会与自然和谐发展的一种新的价值观念。经过多年的发展，生态意识正从浅层向深层发展，具体的标志即是从限制人类行为向指导人类创造健康的生活方式发展。

人类对待环境的行为鲜明地表现出生态意识从浅层向深层的发展。在传统的科学价值观念指导下，人的环境行为具有"反自然"的掠夺性，在向大自然无限制地索取物质的同时，又向大自然无所顾忌地排放着过多的废弃物，把地球视为物质的仓库与废物排放场。生态意识产生后，人们对自身的活动做出了限制，既限制向自然的索取，又限制废弃物的排放。通过两种限制，以延长、维持人类的生存与发展。很明显，这种限制带有退却和消极适应自然的性质，是与人类的智慧、人类的创造精神和主动积极的进取精神相悖的。这种生态意识显然是人类生态意识的浅层表现，要使生态意识从浅层向深层发展，从被动向主动发展，从限制到自由地发展，具体表现应该为研究绿色工艺、生态技术，开拓更廉价、更清洁的新资源，减少废弃物并向无废料生产发展；同时，建立绿色消费文化，并注意消费行为的引导。

7.3.1 产品绿色设计的定义及其特点

绿色设计是在生态哲学的指导下，运用生态思维，将物的设计引入人—机—环境系统，既考虑满足人的需要，又注重生态环境的保护和可持续发展的原则，符合以人为本的设计理念。绿色设计的特点就是：减缓地球上资源财富的消耗；从源头上减少废弃物的产生；减少了大量的垃圾处理问题；绿色设计师进行闭环设计，即遵循3R（reduce，reuse，recycle）的原则。绿色设计是利用机械学、电子技术、材料科学、计算机技术、环境科学、自动化技术、美学、心理学和人机工程学等学科的理论和方法，将各种产品需求转化为有形（或无形）产品或财富的过程。其在设计构思阶段，把宜人性、使用方式、使用环境、降低能耗、易于拆卸、使之再生利用和环境保护与保证产品的性能、质量和降低成本的要求列入同等的设计指标，并保证再生产过程中能够顺利实施。为了有效地实现这种转变，必须将设计中所涉及的多方面（人、环境、组织、技术和方法等）有机集成起来，形成一个整体，才能得到总体最佳的效果。由此可见，绿色设计是一个复杂而庞大的系统工程，设计者必须运用系统工程的原理和方法来规划绿色设计。

7.3.2 绿色设计的范例说明

为了体现未来城市生活更美好的主题，上海世博会利用最新技术方案建造零碳馆，打造中国首座零碳排放的公共建筑（图7.4）。零碳馆利用太阳能、风能实现能源自给自足；取用黄浦江水，利用水源热泵作为房屋的天然"空调"；用餐后留下的剩饭剩菜将被降解为生物质能，用于发电。零碳馆共分4层，总面积为2500平方米，设置了零碳报告厅、零碳餐厅、零碳展示厅和6套零碳样板房。展馆原型取自英国伦敦的零二氧化碳社区——贝丁顿零碳社区。零碳

图7.4 世博会零碳馆

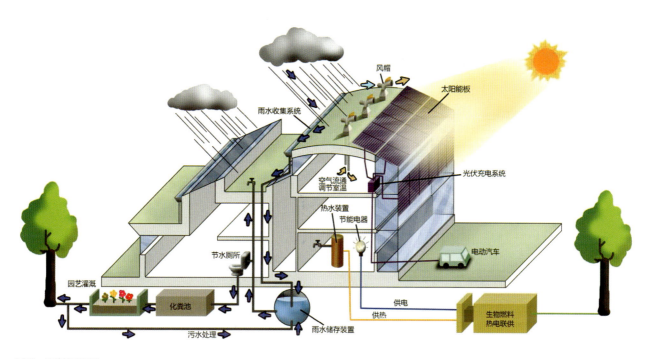

图7.5 零碳馆原理图

馆所需的电能和热能可以通过生物能热电联产系统对餐厅内各种有机废弃物、一次性餐具等降解而获得；降解完成后，最终余下的"产品"，还能用作生物肥，真正实现变废为宝。

阳光和水的利用在零碳馆中体现得淋漓尽致（图7.5）。冬季，在建筑的南面，通过透明的玻璃阳光房保存从阳光中吸收的热量，转化为室内热能。夏季，为防止阳光过分照射，采取外遮阳措施，营造室内舒适的环境。屋顶上的太阳能板将太阳能转化为电能。建筑的背面通过漫射太阳光培育绿色屋顶植被，同时，北向漫射光为室内提供了相应的自然采光照明。在水资源利用方面，零碳馆通过屋顶收集雨水，用来冲洗马桶或灌溉植物等，减少了对自来水的需求。同时，零碳馆采用整体外保温的策略，墙壁是用绝热材料建造的，减少了室外热渗透，吸收室内多余热量，稳定了室内气温波动。零碳馆的这些设计，能够为访客提供既环保又舒适的未来生活体验。总负责人陈硕希望通过零碳馆向公众传达这样的一个理念："城市和生活，原来还有另外一种可能性，可以有另外的选择。"此类用互动、体验的方式所做的绿色概念式的展示，引发了人们对高碳排放带来环境污染的思考，展示了人类实践低碳行动的前景与美好未来，倡导节能环保从每个人做起，让环保理念深入人心，形成低碳共识。

中央美术学院第九工作室近60名师生和设计师受邀为世博会零碳馆设计零碳家具，这一组家具结构性较强，都是用废旧金属管道、水龙头、零件等改造而成的，富重量感并且造型十分酷，有鲜明的工业时代特点。如图7.6、图7.7所示，就是他们设计的茶几和沙发。

水葫芦是天然水生植物，是世界十大害草之一，其特点是生命力旺盛、繁殖速度快。大量的水葫芦会严重破坏生态环境，危害水下生物。然而，水葫芦经手工采集、分离出茎纤维，通过干燥、防腐、柔软、成型等多种工艺处理，形成原材料，继而将原料手工编织，最终编成成品家具，成为纯天然、健康、环保的家居产品（图7.8）。

7.3.3 产品绿色设计的评价

产品生命周期评价是对产品系统生命周期各个阶段所可能涉及的环境方面的评价，也称生命周期分析、生命周期方法、摇篮到坟墓分析或者生态平衡法，是一组迅速出现的、旨在

图7.6 沙发

图7.7 茶几

图7.8 水葫芦家具

帮助环境管理（从长期看即是可持续发展）的工具和技术。北欧生命周期评价指南中的定义为评价与产品系统关联的环境负担的过程，评价包括产品或者活动的整个生命周期，其基本思路是确保以最小的资源投入和最低的环境成本取得需要的发展成果。周期评价的产生可追溯到20世纪70年代的二次能源危机，当时，许多制造业认识到提高能源利用效率的重要性，于是开发出一些方法来评估产品生命周期的能耗问题，以求提高其利用效率。后来这些方法进一步扩大到其他资源和废弃物的利用方面，以使企业在选择产品时做出正确的判断，20世纪90年代在全球范围内得到比较大规模的应用。与其他环境评价方法的区别是，它从产品的整个生命周期来评估对环境的总影响。评价方法的主要缺点是非常烦琐，且需要的数据量特别大。

7.4 产品虚拟设计

随着科学的发展与信息技术的应用，虚拟设计技术已经开始使用于企业的生产与制造之中，使虚拟设计技术得到有效的提升，加强了设计人员对虚拟设计技术的应用，特别是在企业进行新产品开发的设计与制造阶段。

虚拟产品设计是基于虚拟现实技术的新一代计算机辅助设计，是基于多媒体的、交互的、渗入式或侵入式的三维计算机辅助设计，设计者不但能够直接在三维空间中通过三维操作、语言指令、手势等高度交互的方式进行三维实体建模和装配建模，并且最终生成精确的系统模型，以支持详细设计与变型设计，同时能在同一环境中进行一些相关分析，从而满足工程设计和应用需要。虚拟产品设计是建立在虚拟现实技术的基础之上的，虚拟现实技术具有以下特点：

1. 沉浸性

使用者戴上头盔显示器和数据手套等交互设备，便可将自己置身于虚拟环境中，成为虚拟环境中的一员。使用者与虚拟环境中的各种对象的相互作用就如同在现实世界中一样。当使用者移动头部时，虚拟环境中的图像也实时地跟随变化，拿起物体时可使物体随着手的移动而运动，而且还可以听到三维仿真声音。

2. 交互性

虚拟现实系统中的人机交互是一种近乎自然的交互，使用者不仅可以利用电脑键盘、鼠标进行交互，而且能够通过特殊头盔、数据手套等传感设备进行交互。计算机能根据使用者的头、手、眼、语言及身体的运动，来调整系统呈现的图像及声音。使用者通过自身的语言、身体运动或动作等自然技能,就能对虚拟环境中的对象进行考察或操作。

3. 多感知性

由于虚拟现实系统中装有视、听、触、动觉的传感及反应装置,因此,使用者在虚拟环境中可获得视觉、听觉、触觉、动觉等多种感知,从而达到身临其境的感受。虚拟设计是20世纪90年代发展起来的一个新的研究领域,它是计算机图形学、人工智能、计算机网络、信息处理、机械设计与制造等技术综合发展的产物,在机械行业有广泛的应用前景,如虚拟布局、虚拟装配、产品原型快速生成、虚拟制造等。目前,虚拟设计对传统设计方法的革命性的影响已经逐渐显现出来。由于虚拟设计系统基本上不消耗资源和能量,也不生产实际产品,而是产品的设计、开发与加工过程在计算机上的本质实现,即完成产品的数字化过程。与传统的设计和制造相比较,它具有高度集成、快速成型、分布合作等特征,所以虚拟设计技术不仅在科技界,而且在企业界引起了广泛关注,成为研究的热点。虚拟设计是指设计者在虚拟环境中进行设计,主要表现在设计者可以用不同的交互手段在虚拟环境中对参数化的模型进行修改。就设计而言,传统设计的所有工作都是针对物理原型(或概念模型)展开的,而虚拟设计所有的工作都是围绕虚拟原型展开的,只要虚拟原型能达到设计要求,则实际产品必定能达到设计要求。就虚拟而言,传统设计的设计者是在图纸上用线条、线框勾勒出概念设计,而虚拟设计的设计者在沉浸或非沉浸环境中随时交互、实时、可视化地对原型进行反复改进,并能马上看到修改结果。一个虚拟设计系统具备三个功能:3D用户界面、选择参数、数据传送机制。

(1) 3D用户界面设计者不再用2D鼠标或键盘作为交互手段,而是用手势、声音、3D虚拟菜单、球标、游戏操纵杆、触摸屏幕等多种方式进行交互。

(2) 选择参数设计者用各种交互方式选择或激活一个在虚拟环境中的数据修改原来的数据,参数修改后,在虚拟环境中的模型也随之变成一个新的模型。

(3) 数据传送机制模型修改后所生成的数据要传送到和虚拟环境协同工作的CAD/CAM系统中,有时又要将数据从CAD/CAM系统中返回到虚拟环境中,这种虚拟设计系统中包含一个独立的CAD/CAM系统,为虚拟环境提供建造模型的功能。在虚拟环境中所修改的模型有时还要返回到CAD/CAM系统中进行精确处理和再输出图形。因此,这种双向数据传送机制在一个虚拟设计系统中是必要的。

虚拟设计具有以下几个优点:
① 继承了虚拟现实技术的所有特点;
② 继承了传统CAD设计的优点,便于利用原有成果;
③ 具备仿真技术的可视化特点,便于改进和修正原有设计;
④ 支持协同工作和异地设计,有利于资源共享和优势互补,从而缩短产品开发周期;
⑤ 便于利用和补充各种先进技术,保持技术上的领先优势。

虚拟设计与传统CAD/CAM系统的区别主要有:
① 虚拟设计是以硬件的相对的高投入为代价的;
② CAD技术往往重在交互,设计阶段可视化程度不高,到原型生产出来后才暴露出问题;
③ CAD技术无法利用除视觉以外的其他感知功能;
④ CAD技术无法进行深层次的设计,如可装配性分析和干涉检验等。

基于虚拟现实技术的虚拟制造技术,是在一个统一模型之下对设计和制造等过程进行集成,即将与产品制造相关的各种过程与技术集成在三维的、动态的仿真过程的实体数字模型之上。虚拟制造技术也可以对想象中的制造活动进行仿真,它不消耗现实资源和能量,所进行的过程是虚拟过程,所生产的产品也是虚拟的。

虚拟设计和制造技术的应用将会对未来的设计业与制造业(包含制造业的生产流程全过

程，当然也包括其包装设计环节）的发展产生深远影响，它的重大意义主要表现为：

①运用软件对制造系统中的五大要素（人、组织管理、物流、信息流、能量流）进行全面仿真，使之达到前所未有的高度集成，为先进制造技术的进一步发展提供了更广大的空间，同时也推动了相关技术的不断发展和进步。

②可加深人们对生产过程和制造系统的认识和理解，有利于对其进行理论升华，更好地指导实际生产，即对生产过程、制造系统整体进行优化配置，推动生产力的巨大跃升。

③在虚拟制造与现实制造的相互影响和作用过程中，可以全面改进企业的组织管理工作，而且对正确做出决策有着不可估量的影响，例如，可以对生产计划、交货期、生产产量等做出预测，及时发现问题并改进现实制造过程。

④虚拟设计和制造技术的应用将加快企业人才的培养速度。我们都知道，模拟驾驶室对驾驶员、飞行员的培养起到了良好作用，虚拟制造也会产生类似的作用，例如，可以对生产人员进行操作训练、异常工艺的应急处理等。

○ 思考题

1. 论述未来产品设计的发展趋势。
2. 说明绿色设计的定义和原则。
3. 举例说明产品交互设计的意义。
4. 阐述产品人性化设计的重要因素。
5. 说明产品虚拟设计的特点。
6. 说明产品通用化设计的概念和原则。

附录　产品设计案例

一、概念太阳能车

设计说明：

本产品的设计理念来自熊猫，该汽车的特点是上半部分驾驶室可以360度旋转，这样，便可以在现在交通拥堵的城市里来去自如，可以实现90度的转弯，行驶起来非常方便。它的动力来源是电，车顶安装了太阳能电板，可以随时随地补充电能，这样可以方便外出行驶，尤其是远距离行驶。

设计者：蒋光耀　陆亮亮（第九届汽车无限创意大赛二等奖获得者）

二、电动车的设计

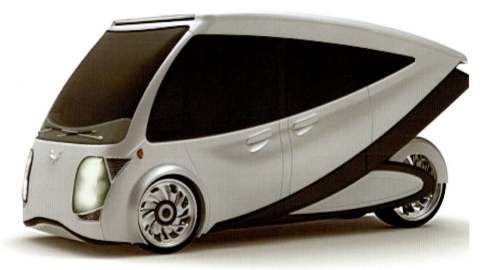

创意的形成：

　　绿色，是大自然的颜色，也是我们希望汽车所拥有的一种颜色，即为一种绿色环保的汽车。本车名为"LEAVES"，即想通过把叶子的绿色元素赋予汽车当中，也使汽车"绿色"起来，而在汽车设计过程中，我们采取叠加两片叶片的外形，从而使汽车的设计更加新颖独特，鲜明的轮廓线把叠加的两片叶子清晰地勾勒出来，而车体结构的前顷，也是极富动感，给人一种积极向前的趋势感。

配色方案

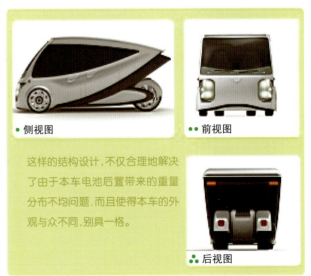

- 侧视图
- · 前视图

这样的结构设计，不仅合理地解决了由于本车电池后置带来的重量分布不均问题，而且使得本车的外观与众不同，别具一格。

- 后视图

设计者：黄辉荣　田超（第九届汽车无限创意大赛三等奖获得者）

三、乒乓球拾球器

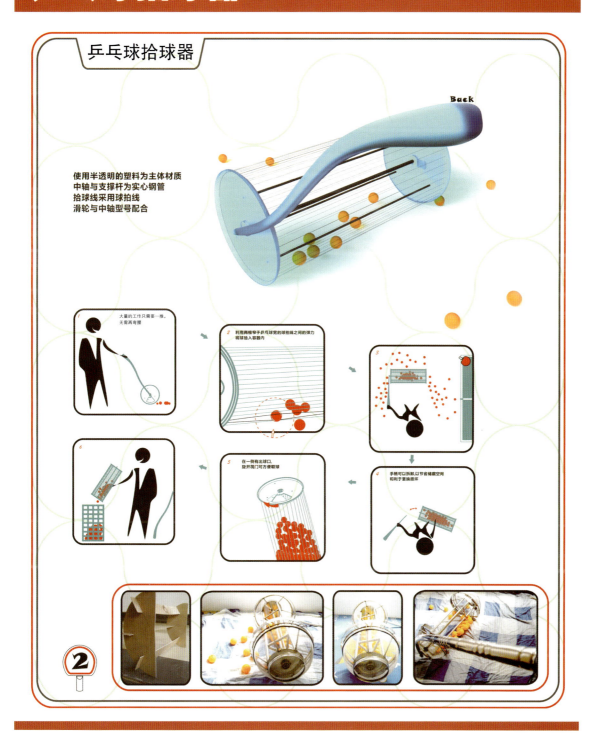

设计者：鲁阳

四、伊莱克斯电磁炉

Electrolux
Design Lab 2008

The inspiration of the model of the induction cooker comes from the traditional censer.

The traditional censer from China

设计者：聂凌云　王志强

五、十二生肖卡通玩具设计

设计者：吴清　郭春燕（武汉科技大学2010年优秀毕业设计三等奖获得者）

六、电动叉车

2011"市长杯"创意杭州工业设计大赛 ——— 杭叉杯
The 2011th Originality of Hangzhou Industry Design Conpetition

设计说明：

本叉车是一辆电动叉车，简洁流动的线条体现了其造型美，整个车身采用叉车专用工程材料，性能稳定，符合人机工程学，颜色采用淡绿色，给人以淡雅轻松愉悦之感。

设计者：郝芳芳

七、宠物玩具——温馨小蘑菇

设计说明：

1. 设计灵感源于对蘑菇形态的提炼，以蘑菇屋作为喂食器，有一种温馨、踏实感，丰富的颜色增加了其趣味性。

2. 蘑菇屋顶取材于塑料，为加强稳定性，采用中空设计。外部包裹着一条可爱的剑麻布，能激发对宠物的兴趣。屋身和底座取材于无毒的橡胶。

3. 宠物或者主人只要轻轻按下屋顶，食物便会从蘑菇里掉下来，即使宠物独自在家也不怕饿肚子。

4. 蘑菇屋造型比例协调美观。总高40cm，屋顶17cm，屋身19cm，底座4cm，底座半径18cm，屋身（下）半径8cm，屋身（上）半径6cm。

设计者：尹冬群　杨璐露

八、步步高点读机

设计者：袁娟（武汉科技大学2008届毕业设计一等奖获得者）

九、多功能组合桌椅

椅 DESK
CHAIR 桌

追求个性时尚的年轻消费者越来越多，在现代人生存压力和城市生活的环境下，更多人喜欢简约的风格添点自然的气息，也越来越不习惯让屋子被家具塞得满满当当，所以本款多功能组合桌椅是专为此类人所设计的。它为人们提供了舒适的居住环境，为城市的环境改善贡献了一份力量。

本设计采用实木材和钢管组合的结构，造型简约，颜色清新淡雅，符合现代人个性时尚的审美标准。它是拆卸、组合、折叠等多功能融为一体的家具，当需要座椅时，可把桌子翻转90度，桌子的桌面便成了座椅的靠背，桌子下面的搁板便成了座椅的座板，根据个人的喜好，还可以调节桌子的高度，当不用的时候可以折叠起来，存放方便。这样一来，人们就不用再为了使用方便而买各种各样的家具把家里塞得满满的。本设计的理念是节约空间和材料，设计定位就是一套环保的家具。

设计者：孙玮（湖北省优秀毕业设计二等奖获得者）

十、中华人民共和国第六届城市运动会火炬方案设计

创意说明：

整个火炬造型简洁明了，顶部分为红、黄、蓝三个部分，分别代表汉阳、汉口和武昌这武汉三镇，寓意着武汉的辉煌历史，也预示着这座城市的和谐与美好的前景。从顶部看，让人联想到齿轮的动感，体现了本届运动会的高水平竞技。顶部的三个部分把整体分成了六块，含有本届运动会"6"的基本信息。火炬主体材质为耐高温轻金属。总体高度为560mm。

设计者：沈佳彬　林八一

十一、便携式餐具

Tableware Notebook是绿色环保便携式餐具。将工作学习中常用的活页文件夹和便携式餐具相结合。灵活性强，轻薄简便，易携带收纳，方便循环使用。餐具材料采用可降解回收的新型材料。通过该设计鼓励人们自带餐具用餐，避免产生不必要的生活垃圾，力求解决日常生活中人们外出或在公共场合用餐时使用餐具不便、卫生堪忧等问题，同时带有各种情趣化表情符号的餐具设计也满足了现代人追求轻松、幽默、愉悦的心理特点。

餐具以嵌合的方式与页面结合
页面可随意替换使用
带有各种表情符号的情趣化餐具设计

设计者：徐昕（2009年湖北省优秀毕业设计二等奖获得者）

十二、正反面电磁炉

设计者：郭辉（2007年中冶南方杯设计竞赛三等奖获得者）

十三、城市公共汽车设计

城市公共汽车设计
CONCEPT + DESIGN

设计概念：
　　造型设计并不一定非得拘泥于原本存在的样式之中，在符合一定的基本要求之外，可以进行一些尝试性组合，于是，本设计借鉴了小汽车的设计理念，也融入了时尚电子产品的设计元素，意在使造型方面有点突破。

设计者：许坤南

十四、智能饮食营养分析仪

智能饮食营养分析仪设计
NUTRITION ANALYING DESIGN

通过检测指甲的方式进行营养分析，简单、快捷，可以在任何休息时来进行检测，不影响人们的正常生活，同时该检测仪可根据手指大小自由调节。

检测仪器和显示区完美结合，不需要时放入整体中，需要时轻松取出，随时方便检测。

INDUSTRY DESIGN

细节展示

巧妙地将测试仪嵌入整体中，既节约了空间，同时也增加了使用的方便性。

色彩搭配

多种色彩搭配组合满足不同人群的喜好。

尺寸示意图

设计者：陈友琴

十五、多功能数码玩具

设计说明：

本产品为数码玩具，将传统乐器：唢呐、鼓、二胡、钹融入现代高科技产品中，达到"古"与"现"的完美结合。

本设计的着手点是体现情趣化，会动会演奏的个性数码玩具不仅可以作为一个诉说的对象，还可以为工作压力大的人群缓解压力和稳定情绪。

玩转：不同的动作表达不同的感情

播放器屏幕

具有数码相册、mp4、台历、闹钟等功能

设计者：吴清　陈远安

参考文献

1. 尹定邦. 设计学概论（修订本）[M]. 长沙：湖南科学技术出版社，2010.
2. 郑建启. 材料工艺学[M]. 武汉：湖北美术出版社，2005.
3. 罗怡. 在中国设计[M]. 北京：文化艺术出版社，2010.
4. 杨先艺. 设计概论[M]. 北京：清华大学出版社，2010.
5. 许平，潘林. 绿色设计[M]. 南京：江苏美术出版社，2001.
6. 郑建启，李翔. 设计方法学[M]. 北京：清华大学出版社，2006.
7. 张昌福. 现代设计概论[M]. 武汉：华中科技大学出版社，2007.
8. 彭吉象. 艺术学概论[M]. 北京：北京大学出版社，2006.
9. 何人可. 工业设计史[M]. 北京：高等教育出版社，2004.
10. 高亚丽，崔景京. 现代产品设计与实训[M]. 沈阳：辽宁美术出版社，2009.
11. 黄劲松. 工业设计基础[M]. 武汉：武汉大学出版社，2010.
12. 刘洋，朱钟炎. 通用设计应用[M]. 北京：机械工业出版社，2010.
13. 崔天剑，李鹏. 产品形态设计[M]. 南京：江苏美术出版社，2007.

后　　记

　　产品设计是工业设计的核心，随着社会的发展进步，产品设计的重要性越来越被人们所认识，与此同时，产品设计的相关理论也在不断地丰富和发展，产品设计的内涵和外延在不断拓宽。作为设计学的核心，产品设计涉及艺术学、美术学、人机工程学、材料学、心理学等研究领域，因而具有自然科学和人文社会科学的双重特性，无疑是一门综合的边缘交叉学科。对于工业设计师或未来的设计师，学习研究产品设计的相关理论、了解产品设计的一般方法与程序，显然是十分必要的。作为设计艺术的教育工作者，在多年的教学实践的基础上，编写产品设计相关的教材，是一件艰辛而又充满快乐的事情，我期望将教学和研究工作的一些心得体会和部分作品奉献给广大读者，书中不足与不当之处，望得到专家、同仁的批评指正。

　　在本书的编写过程中，笔者深感产品设计领域的博大精深，而自己知识水平有限，编写这本书就像寓言《盲人摸象》中的盲人，不能全面、系统地将产品设计的相关理论阐述透彻。然而，编写完成后，却与《盲人摸象》中的盲人一样兴奋和快乐。众所周知，数字化时代产品设计的方法和程序发生了巨大的变化，相应的理论研究有些滞后，本书对产品设计的发展趋势作了初步的展望，只能起到抛砖引玉的作用，希望广大读者能提出新的见解。

　　本书的编写得到了武汉科技大学、武汉大学、武汉工业大学、荆州理工大学等高校同仁的支持与帮助。武汉大学出版社相关老师为本书的出版付出了辛勤的汗水，在此表示衷心的感谢。

　　愿本书能成为产品设计人员以及未来设计师的工具书。

吴　清

2012年春节

于江城东湖之滨